KB121600

NCS 기반
응용 디자인 헤어커트

Apply Design Hair Cut

최은정 · 문금옥 공저

光文閣
www.kwangmoonkag.co.kr

사람의 이미지를 표현하는 데 있어서 헤어스타일은 매우 중요한 부분을 차지하고 있으며, 아무리 똑같은 헤어스타일이라도 커트형의 혼합을 어떻게 디자인하느냐에 따라 분위기가 달라진다.

디자인 결정 시 고객의 얼굴형과 체형, 모류 방향, 모량, 고객의 욕구와 취향을 고려하여 단점을 보완하고 장점을 부각시켜 이미지를 표현하여야 한다.

본 교재의 1장에서는 이론편으로 헤어디자인의 요소 및 기술, 2장은 디자인의 결정 및 원리로 얼굴형과 체형에 따른 헤어디자인 분석, 앞머리 뱅과 가르마에 따른 헤어디자인 분석을 디자인의 원리에 입각하여 구성되어 있다. 3장에서는 실기편으로 헤어커트 기본형을 토대로 다양한 형태의 디자인을 연출하기 위해 두 가지 이상의 커트형이 혼합되는 콤비네이션 형태로 구성되어 있으며, 혼합에 따른 응용 스타일의 변화와 커트 시술 후 헤어스타일의 완성도를 높이기 위해 드라이어 및 아이론을 사용하여 헤어스타일링을 시술하였다.

여성 커트의 응용 과정인 이 교재를 다 마치고 나면 다양한 헤어디자인을 연출하는데 유용한 지침서가 되길 바란다.

끝으로 이 책을 출간하기까지 믿고 협조해 주신 광문각출판사 박정태 회장님을 비롯한 임직원님들께 진심으로 깊은 감사의 말씀을 드린다.

2021년 8월 저자

CONTENTS

CONTENTS

Apply Design Hair Cut

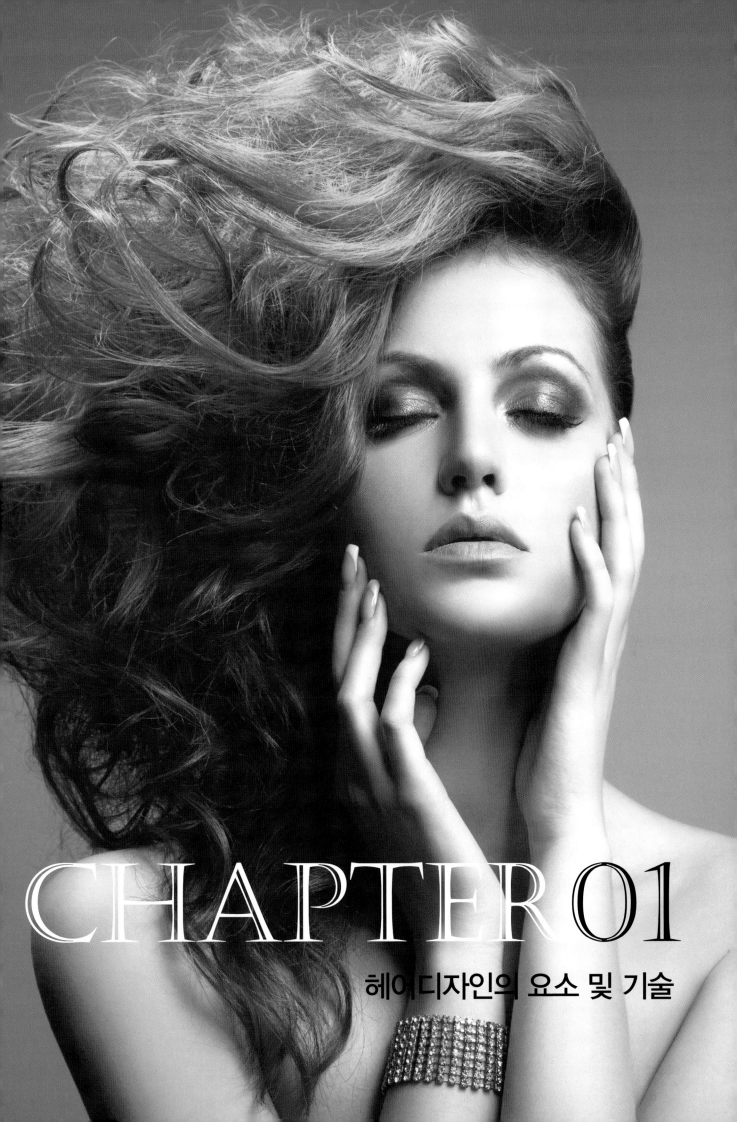

CHAPTER 01

헤어디자인의 요소 및 기술

1 | 헤어디자인의 요소

1] 헤어디자인의 요소

헤어디자인 분야는 미적인 표현뿐만 아니라, 개성적인 표현으로도 만족시켜주는 응용예술로서 창조적 디자인을 위한 구성 요소로 형태(Form), 질감(Texture), 컬러(Color)를 헤어디자인의 3요소라 한다. 헤어디자이너는 이러한 요소를 결합하여 많은 작품을 창조할 수 있다.

헤어디자인의 3가지 요소인 형태, 질감, 컬러의 특성을 살펴보면 다음과 같다.

(1) 형태(Form)

헤어디자인에서는 길이, 넓이, 깊이를 포함한 3차원적인 입체를 의미하며, 하나의 형태 내에서는 점, 선, 방향, 모양에 이르는 모든 요소를 포함하고 있다.

(선 + 방향 + 모양 =형의 3요소)

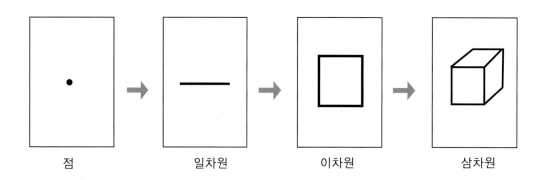

| 점 | 일차원 | 이차원 | 삼차원 |

① 선 : 형의 가장 기초가 되는 구성 요소로 직선 또는 곡선의 연속된 점들의 집합체이다. 선은 점보다 강한 효과를 내며 방향에도 영향을 미친다.

② 천체 축 : 직선과 곡선, 각도, 방향을 정의하는 기호이다.

- 4가지 기본 직선은 수평선, 수직선, 우대각선, 좌대각선 등이다.
- 주요각도는 0°, 45°, 90° 등은 선이 교차될 때 만들어진다.

③ 방향 : 선의 진로이며 기본 방향인 수평 방향, 수직 방향, 사선 방향(좌대각, 우대각)으로 결정된다.

- 직선 : 천체축의 의한 4가지 기본 직선인 수평선, 수직선, 우대각선, 좌대각선 등이다.
- 곡선 : 컨케이브(Concave), 컨백스(Convex)
- 역곡선 : 움직임이 반대되는 두 개의 곡선이 연결된 선으로 곡선의 경사도나 비율에 의해 속도를 표현할 수 있다.

⑤ 모양 : 길이와 넓이를 가진 2차원(평면)적 표현으로 헤어디자인인은 구조와 형태선의 방향으로 이루어진 모양에 깊이를 더해서 3차원인 형태를 만든다.

- 시작점에서 만나는 선에 의해 생기는 평면적 공간(삼각형, 사각형, 원형)
- 헤어디자인의 모양은 형태선이라는 외곽의 경계선이나 실루엣에 의해 결정된다.

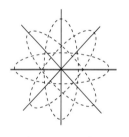 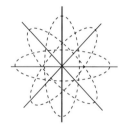 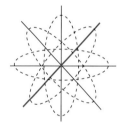 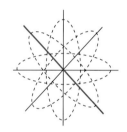

| 수평 방향 | | 수직 방향 | | 좌대각 방향 | | 우대각 방향 |

(2) 질감(Texture)

촉각과 시각으로 느낄 수 있는 모발의 표면 또는 질감도 관찰하게 된다.

① 엑티베이트(Activated) : 잘린 모발 끝이 보이는 질감

(활동적인 질감- 유니폼 레이어, 인크리스 레이어)

② 언엑티베이트(Un Activated) : 잘린 모발 끝이 보이지 않는 매끄러운 질감

(비활동적인 질감- 원랭스)

③ 혼합형(Combination) : 엑티베이트와 언엑티베이트의 두 가지 질감이 혼합

(그래쥬에이션)

(3) 색채(Color)

물체에 빛이 반사될 때 얻어지는 시각적 효과로 길이와 부피감, 머릿결, 움직임과 방향감에 영향을 준다.

2 | 두상과 헤어라인 명칭

1] 두상의 15포인트 명칭

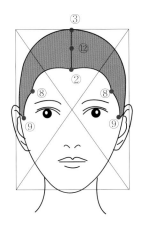
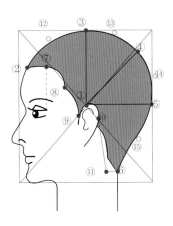

번호	약자	명칭
1	E.P	이어 포인트(Ear Point)
2	C.P	센터 포인트(Center Point)
3	T.P	톱 포인트(Top Point)
4	G.P	골덴 포인트(Golden Point)
5	B.P	백 포인트(Back Point)
6	N.P	네이프 포인트(Nape Point)
7	F.S.P	프런트 사이드 포인트(좌·우)(Front Side Point)
8	S.P	사이드 포인트(Side Point)
9	S.C.P	사이드 코너 포인트(Side Cernir Point)
10	E.B.P	이어 백 포인트(Ear Back Pont)
11	N.S.P	네이프 사이드 포인트(Nape Side Point)
12	C.T.M.P	센터 톱 미디엄 포인트(Cent Top Medium Point)
13	T.G.M.P	톱 골덴 미디엄 포인트(Top Goilden Medium Point)
14	G.B.M.P	골덴 백 미디엄 포인트(Golden Back Medium Point)
15	B.N.M.P	백 네이프 미디엄 포인트(Back Nape Medium Point)

2] 두상의 영역

헤어커트 시술 시 다양한 헤어스타일 연출하기 위해서는 형의 혼합방법과 비율에 따라 작업이 용이하도록 다양하게 영역을 나눌 수 있다.

(1) 2등분
U라인을 기준으로 오버섹션과 언더섹션으로 나뉜다.

(2) 3등분
크레스트를 기준으로 인테리어, 크레스트, 엑스테리어의 영역으로 나누거나 오버섹션, 미들섹션, 언더섹션으로 나눈다.

(3) 5등분
두개골의 위치에 따라 전두부, 측두부, 두정부, 후두부로 나뉘거나 두상의 높이에 따라 천정부, 상단부, 중단부, 하단부, 후두하부로 나눈다.

[2등분]

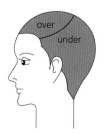 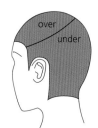

[3등분]

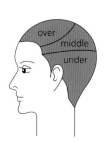 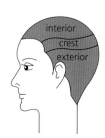

[5등분]

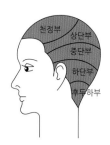 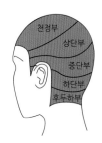 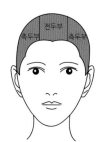 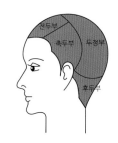

3) 두상의 분할 라인

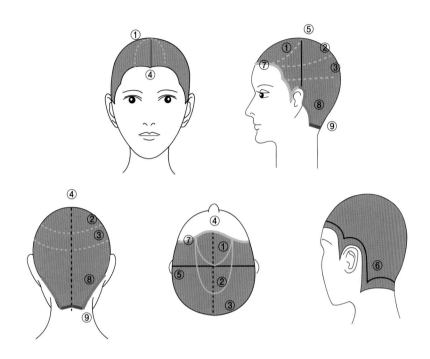

번호	명칭	내용
1	앞머리 영역	F.S.P~T.P~반대편 F.S.P을 연결하여 나눈 앞부분 영역
2	U라인 영역 (측두선)	F.S.P~G.P~반대편 F.S.P을 연결하여 나눈 앞부분 영역 (눈 끝을 위로 측중선까지 연결한 선)
3	크레스트 (Crest Area)	두상의 가장 넓은 부분
4	센터 라인(Center Line), 정중선	C.P~T.P~G.P~B.P~N.P를 연결한 선 (두상 전체를 수직으로 가른선)
5	이어 투 이어 파트 (Ear to Ear Part), 측중선	E.P~T.P~반대편 E.P를 연결하는 선
6	햄라인(Hem Line)	전체적으로 머리카락이 나기 시작한 선
7	페이스 라인(Face Line)	얼굴 정면에 모발이 나기 시작한 선 E.P~S.C.P~S.P~F.S.P~C.P~반대편 F.S.P~S.P~S.C.P~E.P를 연결한 선
8	이어 백 라인 (Ear Back Line)	E.P~E.B.P~N.S.P를 연결한 선
9	네이프 라인(Nape Line)	목덜미의 선, N.S.P~N.P~반대편 N.S.P까지 연결한 선

4] 두상의 분할 용어

- 인테리어(Interior) : 크레스트 윗부분의 명칭
- 엑스테리어(Exterior) : 크레스트 아랫부분의 명칭
- 크레스트(Crest Area) : 두상의 가장 넓은 부분의 명칭

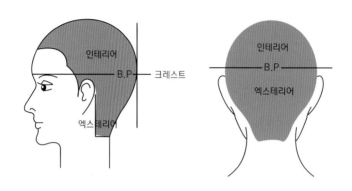

5] 두상의 부위별 명칭

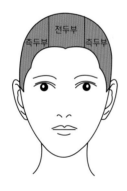
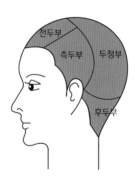

① 전두부(Front)는 얼굴 주위와 밀접한 관계를 가지고 있으며 얼굴의 전체적 균형에 많은 영향을 미친다.

② 측두부(Side)는 옆선의 이미지를 연출되는 곳으로 사이드나 아웃라인의 모양, 질감을 형성하는 곳이다. 짧은 모발은 이곳에서 얼굴형의 이미지가 결정된다.

③ 두정부(Crown)는 두상에서 가장 높고 넓은 영역으로 헤어스타일의 전체적인 질감이나 볼륨, 형태를 좌우한다.

④ 후두부(Nape)는 커트의 형태를 결정 짓은 영역으로 두상에서 가장 낮은 곳에 위치하고 있으며, 두상의 아웃라인이나 길이를 결정하는 곳이다.

6) 프린지(Fringe)

프린지는 얼굴형의 이미지와 밀접한 관계가 많으며 독립적인 섹션으로 구분하여 시술한다.

종류	특징
1 사이드 파트 프린지 (Side Part Fringe)	• 눈동자에서 가마까지 대각선으로 파팅한 다음, F.S.P.까지 분할한다. • 비대칭이나 사선형 앞머리를 원할 경우 사용된다.
2 빅 프린지 (Big Fringe)	• 양쪽 F.S.P를 기준으로 양쪽 T.P까지 분할한다 • 쇼트 헤어의 일자형과 라운드형 앞머리를 원할 경우 사용된다.
3 일반적인 프린지 (Normal Fringe)	• 양쪽 F.S.P를 기준으로 T.C.M.P까지 분할한다. • 일반적으로 많이 사용된다.

3 | 헤어커트의 기본 형태 연구

1) 원랭스 커트(One Length Cut)

원랭스란 '동일한 선상에서 모발을 자른다'는 뜻으로 모든 섹션을 자연 시술각 또는 0°로 자연스럽게 빗어 내린 후 일직선의 동일 선상에서 같은 길이가 되도록 커트하는 방법이다.

구조(Structure)	모발의 길이가 네이프에서 톱 쪽으로 길이가 증가 (엑스테리어 → 인테리어로 모발의 길이가 증가) 가장자리에 무게감이 형성된다.
모양(Shape)	종형
질감(Texture)	100% 언엑티베이트
가이드라인(Guide Line)	고정 디자인 라인
머리 위치(Head Position)	똑바로
섹션(Section)	디자인 라인과 평행
분배(Distribution)	자연 분배
시술각(Angle)	자연 시술각, 0°
손가락 위치(Finger Position)	디자인 라인과 평행

2) 그래쥬에이션 커트(Graduation Cut)

톱보다 네이프의 모발 길이가 짧은 모양이 되도록 모발의 길이에 미세한 층을 주는 커트이다. 헤어커트 각도에 따라 길이가 조절되면서 형태가 만들어지는 스타일로 모발을 두피로부터 15~45° 들어서 머리카락을 자를 경우 입체적인 헤어스타일 연출에 매우 효과적이다.

구조(Structure)	모양 구조 무게 엑스테리어 → 인테리어로 모발의 길이 증가
모양(Shape)	삼각형
질감(Texture)	혼합형(무게선, 무게 지역, 능선이 생김)
가이드라인(Guide Line)	크레스트를 중심으로 엑스테리어는 이동 인테리어는 고정
머리 위치(Head Position)	똑바로/앞 숙임
섹션(Section)	수평, 전대각, 후대각 이용
분배(Distribution)	자연 분배, 직각 분배, 변이 분배
시술각(Angle)	표준 시술 각 : 45° 시술각 변화에 따라 무게의 위치가 달라진다. • 로우 그래쥬에이션 : 1~30° • 미디엄 그래쥬에이션 : 31~60° • 하이 그래쥬에이션 : 61~89°
손가락 위치(Finger Position)	디자인 라인과 평행

3) 유니폼 레이어 커트(Uniform Layer Cut)

톱과 네이프의 모발 길이가 같게 둥근 모양이 되도록 모발에 많은 단차를 주어 커트하는 스타일로 커트 시 모발을 두상 90°로 들어서 커트한다. 라운드 레이어(Round Layer), 세임 레이어(Same Layer)라고도 한다.

구조(Structure)	 모든 모발의 길이가 동일 길이의 반복으로 무게감이 없다.
모양(Shape)	원형
질감(Texture)	100% 엑티베이트
가이드라인(Guide Line)	이동 디자인 라인
머리 위치(Head Position)	똑바로
섹션(Section)	수직, 수평, 피봇 파팅을 사용된다.
분배(Distribution)	직각 분배
시술각(Angle)	두상 곡면의 90°
손가락 위치(Finger Position)	두상 곡면으로부터 평행

4) 인크리스 레이어 커트(Increase Layer Cut)

인크리스 레이어는 층의 단차가 심하고 고정 디자인 라인의 위치에 유의하여 정확한 빗질이 필요하다. 모발의 길이가 톱은 짧고 네이프로 갈수록 길어지는 스타일로 두상의 각도 90° 이상을 적용한다.

구조(Structure)	모양　　　구조　　　무게 톱이 짧고 네이프로 갈수록 모발 증가 (인테리어는 짧고, 엑스테리어로 갈수록 점진적으로 모발이 길어진다.)
모양(Shape)	긴 타원형
질감(Texture)	엑티베이트
가이드라인(Guide line)	고정 디자인 라인
머리 위치(Head position)	똑바로
섹션(Section)	수직, 수평, 피봇, 대각 모두 사용된다.
분배(Distribution)	직각 분배
시술각(Angle)	0°, 45°, 90° 90°를 많이 사용하나 머리가 닿는 거리에 따라 시술각이 증가 또는 감소된다.
손가락 위치(Finger position)	평행, 비평행

4 | 헤어스타일의 분석

1] 각도(Angle)

헤어 커트 시 두상으로부터 모발을 들어 올려 펼치거나 내려진 상태로 커트하는 각도를 말하며 자연 시술각과 일반 시술각으로 나뉜다.

(1) 자연 시술각(Natural Fall)

- 중력에 의해 모발이 자연스럽게 떨어진 모양을 이용한 시술각이다.
- 천체축 기준 각도

(2) 일반 시술각(Normal Projection)

- 두상의 곡면을 따라 둥글게 굴려져 모발이 들어지는 각도를 말한다.
- 모발을 두상에서 들어 올려 펼쳐 빗었을 때 나타나는 각도로 베이스의 모발을 빗어 잡았을 때 두상의 둥근 접점을 기준으로 한 각도

자연 시술각 (중력에 의한 각도/ 천체축 기준)	일반 시술각 (두상의 각도)
중력에 의해 모발이 자연스럽게 늘어 떨어지는 각도 (원랭스, 그래쥬에이션)	두상으로부터 모든 모발이 90° 들려졌을 때 각도(유니폼 레이어)

	로우 그래쥬에이션	미디엄 그래쥬에이션	하이 그래쥬에이션
그래쥬에이션	(1~30°)	(31~60°)	(61~89°)
유니폼레이어			

인크리스
레이어

2) 가이드라인(Guide Line)

커트할 때 사용되는 머리의 모양 패턴이나 길이 가이드, 디자인 라인이 형태 선이 될 수도 있으며 고정, 이동, 다중(혼합) 디자인 라인이 있다.

종류	특징
① 고정 디자인 라인 (Stationary Design Line)	• 디자인 라인이 이동하지 않는다. • 처음 가이드에 맞춰 커트한다. • 반대편의 모발의 길이가 점차적으로 증가를 원할 때 사용된다. (원랭스, 인크리스 레이어)
② 이동 디자인 라인 (Mobile Design Line)	• 커트하는 길이의 가이드가 움직인다. • 이전에 커트 된 모발의 일부를 파팅마다 이동시켜 커트하는 방법이다. (그래쥬에이션, 유니폼 레이어)
③ 다중 디자인 라인 (Multiple Stationary Design Line)	• 전체적으로 층이진 모발 질감을 원하지만 네이프 부분의 모발 길이가 충분하지 않을 때 사용된다. • 새로운 가이드를 설정하여 커트하는 방법이다. (인크리스 레이어)

3] 두상 위치(Head Position)

두상 위치는 머리 형태의 결과에 직접적인 영향을 주며 머리 질감이나 커트라인의 방향에 영향을 준다. 두상의 위치는 똑바로(Up-Right), 앞 숙임(Forward), 옆 기울임(Tilted) 등이 있다.

종류	특징
① 똑바로 (Up-Right)	• 가장 자연스럽고 고른 효과 • 똑바로 한 상태에서 커트할 경우 가장 자연스럽다. • 원랭스 커트에 많이 사용된다.
② 앞 숙임 (Forward)	• 주로 형태 선의 끝마무리로 많이 사용된다. • 그래쥬에이션, 레이어 커트 시 많이 사용된다.
③ 옆 기울임 (Tilted)	• 형태 선의 쉬운 마무리를 위해 사용된다. • 사이드가 짧은 디자인 라인을 만들려고 할 경우 사용된다.

4) 섹션(Section)

커트 시술 시 두상에서 블로킹을 나눈 후 블로킹 내에서 다시 작은 구역을 나누는 것을 말한다.

종 류	특 징	
① 가로 섹션 (Horizontal Section)	• 가로 또는 수평 • 원랭스 커트 시 사용된다.	
② 세로 섹션 (Vertical Section)	• 세로 또는 수직 • 그래쥬에이션, 레이어 커트 시 사용된다.	
③ 사선 섹션 (Diagonal Forward Section) - 전대각	• 두상의 뒤쪽에서 얼굴 방향으로 사선 방향 • 스파니엘 커트 또는 A라인 스타일 커트 시 사용된다.	
④ 사선 섹션 (Diagonal Backward Section) - 후대각	• 두상의 뒤에서 얼굴 방향으로 사선 방향 • 이사도라 커트 또는 U라인 스타일 커트 시 사용된다.	
⑤ 방사선 섹션 (Pivot Section)	• 파이 섹션, 오렌지 섹션이라고도 불린다. • 두상의 피봇에서 똑같은 크기의 섹션을 나누기 위해 사용된다. • 레이어 커트 시 사용된다.	

5) 분배(Distribution)

분배란 파팅 선과 두상에 관련하여 모발을 빗질하는 방향이다. 분배에는 자연 분배, 직각 분배, 변이 분배, 방향 분배가 있다.

종류	특징
① 자연 분배 (Natural Distribution)	• 파팅에 대해 모발이 중력에 의해 자연스럽게 떨어진 상태로 빗질 또는 떨어진 상태로 커트한다. • 원랭스 커트 시 사용된다.
② 직각 분배 (Perpendicular Distribution)	• 파팅 선에서 모발이 직각으로 빗겨지며, 수직 분배라고도 한다. • 그래쥬에이션, 레이어 커트 시 사용된다.
③ 변이 분배 (Shifted Distribution)	• 파팅에 대해 모발이 임의의 방향으로 빗겨지며, 자연 분배나 직각 분배가 아닌 다른 모든 방향으로 빗질한다. • 긴 머리와 짧은 머리 연결할 때 사용된다.

• 일관성을 유지하기 위해 특정한 방향을 정해두고 모발을 빗질한다.

• 파팅과 상관없이 한 방향으로 빗질한다.

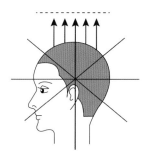 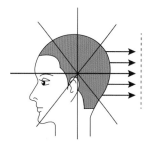

④ 방향 분배
(Directional
Distribution)

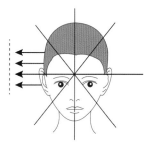 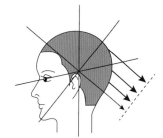

6) 손가락 위치(Finger Position)

파팅과 관련된 손가락의 위치와 선으로 평행과 비평행이 있다. 손가락은 디자인 라인이 보이도록 위치한다.

종류	특징
① 평행 (Parallel)	• 기본 파팅, 손가락, 가위 모두 평행인 상태를 말한다. • 의도된 선을 가장 완벽하게 만들 수 있다.
② 비평행 (Nonparallel)	• 베이스 파팅에 대해 손가락이 비평행하게 놓인 상태를 말한다. • 과장된 길이 증가, 대조되는 길이 간의 연결 시 사용된다.

7) 베이스 컨트롤(Base Control)

헤어스타일의 형태 선을 만드는 중요한 시술 형태로 섹션과 패널의 자리로 길이의 변화를 가질 때 사용된다.

종 류	특 징
① 온 더 베이스 (On the Base)	• 커트 시 좌우 동일한 길이로 커트할 때 사용된다. • 베이스의 중심에서 슬라이스 라인에 직각(90°)으로 모아 커트한다.
② 사이드 베이스 (Side Base)	• 파팅의 한 변이 90° • 커트 시 베이스의 중심이 우측 변 또는 좌측 변으로 선정하고 그 기준을 중심으로 모발의 길이가 점점 길게 또는 짧게 된다.
③ 오프 더 베이스 (Off the Base)	• 파팅의 한 변이 90° 이상 • 시술자의 의도에 따라서 사이드 베이스의 기준선을 넘어서 일정한 각도를 끄는 것 • 우측 또는 좌측으로 얼마만큼 당기는지에 따라 사선의 경사도가 달라지므로 급격한 모발의 변화를 요구할 때 사용된다.
④ 프리 베이스 (Free Base)	• 온 더 베이스와 사이드 베이스 중간의 베이스 • 모발 길이가 두상에서 자연스럽게 길어지거나 짧아지게 자를 때 사용된다.
⑤ 트위스트 베이스 (Twist Base)	• 프리 베이스 상태에서 비틀린 모양으로 잡아 자를 때 사용된다.

8) 혼합형(Combination)의 특성과 비율 관계

다양한 형태의 커트를 시술하기 위해서는 두 가지 이상의 커트형을 혼합하여 커트하는 것이
효과적이다. 혼합형의 비율 결정 시 고객의 얼굴형과 체형, 모량, 두상의 볼륨, 고객의 욕구와
취향을 고려하여 단점을 커버하고 장점을 부각시켜 원하는 이미지를 표현하기에 적절한 비율
이 적용되어야 한다.

(1) 원랭스와 인크리스 레이어

원랭스와 인크리스 레이어의 혼합 형태는 비율을 얼마만큼 정할지에 따라 머리 형태의 무게
감에 변화를 준다.

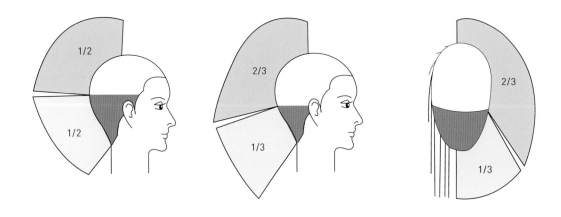

(2) 그래쥬에이션과 인크리스 레이어

그래쥬에이션과 인크리스 레이어의 혼합 형태는 비율에 의해 무게 지역이 달라지며, 고객의
모량과 얼굴형, 체형에 따라 무게선의 위치를 고려하여 선정하여야 한다.

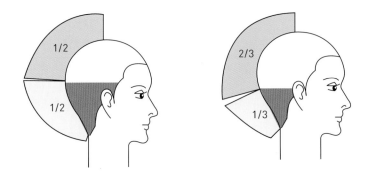

(3) 인크리스 레이어와 유니폼 레이어

인크리스 레이어와 유니폼 레이어의 혼합 형태는 비율의 변화에 따라 형태 내의 길이가 연장되는 양이 증가 또는 감소되어 다양한 변화를 만들 수 있다.

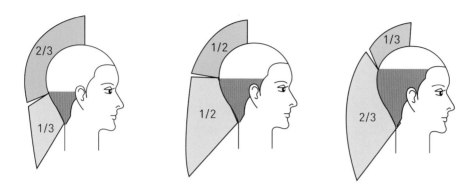

(4) 그래쥬에이션과 유니폼 레이어

그래쥬에이션과 유니폼 레이어의 혼합 형태는 혼합형의 비율에 따라 무게 지역이 달라지기 때문에 고객의 얼굴형을 파악하는 것이 중요하다.

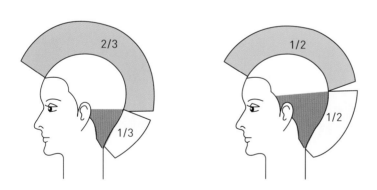

(5) 원랭스와 그래쥬에이션

원랭스와 그래쥬에이션 혼합 형태는 비율을 얼마만큼 정할지에 따라 머리 형태에 무게감의 변화와 아웃트라인에 선을 살려 무게감을 유지한다. 톱이나 크라운 부위에 그래쥬에이션을 넣어 줌으로써 두 가지 기본형이 결합 시 형성되는 무게선의 위치가 달라진다.

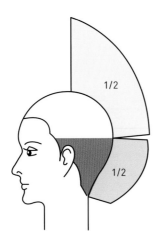
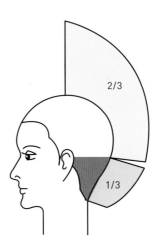

(6) 그래쥬에이션과 그래쥬에이션

그래쥬에이션과 그래쥬에이션의 혼합 형태는 비율에 의해 볼륨감이 생기고 무게 지역이 달라진다. 백이나 톱 부위에 그래쥬에이션을 주어 형태를 만들고, 두상의 형태와 모량을 파악 후 디자인을 결정하는 것이 중요하다.

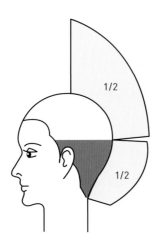
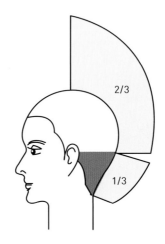

5 | 테크닉(Techniques)

커트의 절차에 따라 시술 과정을 결정한 후 커트할 도구와 그 도구에 따른 테크닉을 정하게
된다.

1] 커트기법 용어

(1) 블런트(Blunt)

모발 끝이 뭉툭하고 직선으로 커트하는 기법이다. 블런트
커트는 모발 손상이 적으며 길이는 제거되지만 부피는 그
대로 유지되고 무게감이 모발 끝에 그대로 남아 있다.

(2) 나칭(Notching)

가위를 45° 정도로 비스듬하게 세워 모발 끝을 톱니 모양
으로 지그재그로 커트하는 기법이다. 커트 후 모발의 불규
칙한 디자인 선을 만들어 무게감이 제거된 가벼운 형태 선
을 만든다. 블런트 커트보다 탁탁한 느낌을 다소 감소시킬
수 있으며 웨이브 헤어에 이상적이다. 포인트(Point) 테크
닉이라고도 한다.

(3) 슬라이드 커트(Slide Cut)

모발 끝을 향해 가위가 미끄러지듯 커트하는 기법으로 자연스러움과 가벼움을 표현하기 위해 부드럽게 연결하는 동작을 말한다. 가위를 벌려 짧은 길이에서 긴 길이를 연결할 때 사용된다.

(4) 싱글링(Shingling)

모발이 짧아서 손으로 잡기 힘들 때 주로 사용하는 기법으로 네이프에서 시작하여 빗을 모발에 대고 위로 이동하면서 가위를 개폐한다.

(5) 콤 컨트롤(Comb Control)

헤어커트 시 모발에 손을 대지 않고 빗만 사용하여 커트하는 기법으로 모발 길이를 커트할 때 텐션을 최소화하기 위해 빗을 사용한다.

(6) 프리 핸즈 커트(Free Hands Cut) - 감각 커팅

손가락이나 다른 어떤 도구를 사용하지 않고 자유롭게 행하는 커트 방법이다. 텐션을 가하지 않는 상태에서 시술되며 모류의 방향성을 최대한 살려 느낌만으로 시술한다.

(7) 레이저 아킹 (Razor Arching)

모발의 안쪽에 레이저 날을 갖다 대고 반원형을 그리듯 커트하는 기법으로 커트 후 안말음 효과가 있다.

(8) 레이저 에칭(Razor Etching)

모발의 길이와 무게감을 줄이면서 모발을 커트하기 위해 모발의 표면을 커트하는 방법으로 날의 위치는 모발의 위에 위치한다. 스트로크의 길이가 모발 끝의 페이퍼 하는 양을 결정하며 커트 후 겉 말음 효과가 있다.

2] 질감 기법 용어

(1) 포인팅(Pointing)

모발 끝에서 스트랜드를 잡고 손가락 쪽으로 가위를 세로로 나칭보다 더 깊게 넣어 커트하는 기법이다. 질감은 가위가 들어가는 깊이와 횟수에 따라 달라진다. 드라이가 끝난 다음 마무리 기법에서 주로 사용한다.

(2) 슬라이싱(Slicing)

모발 표면에 따라 가위를 개폐하고 미끄러지듯 커트하는
방법으로 가위의 벌린 정도에 따라 질감을 표현하고 정리
할 때 사용된다. 불규칙한 움직임이나 가벼운 이미지를 나
타내고 싶을 경우 사용된다.

(3) 겉 말음 기법(Bevel Up)

스트랜드 바깥쪽 부분을 레이저를 이용하여 질감을 주는
방법으로써 에칭 기법을 한층 더 효과 있게 표현하고자 할
때 사용된다. 시술각이나 압력은 원하는 겉말음의 양에 의
해 결정되며 조절 가능하다. (겉 말음의 효과)

(4) 안 말음 기법(Bevel Under)

스트랜드 안쪽 부분을 레이저를 이용하여 질감을 주는 방
법으로써 아킹을 한층 더 효과 있게 표현하고자 할 때 사
용된다. 테이퍼 되는 숱의 양을 볼 수 있기 때문에 원하는
만큼의 질감 처리를 할 수 있으며 모발의 끝이 안쪽으로
잘 말려 들어가게 하는 기법으로 사용된다. (안 말음의 효
과)

(5) 레이저 회전 기법 (Razer Rotation)

무게감을 줄이고 레어저와 빗을 이용하여 부분을 연결하
거나 두상의 윤곽에 따라 모발을 밀착시킬 때 사용된다.
(레이저와 빗을 사용하여 두상에 밀착시켜 회전한다.)

(6) 틴닝(Thinning)

모발의 길이는 줄이지 않고 전체적인 모량에 대해 부피를
줄이고 생동감을 만들거나 짧은 모발에 질감을 주기 위해
사용된다. 시술하기 전에 어느 부분에 시술할 건지 미리
정하고 사용해야 한다.

① 1/8 inch(20발 이하)

최소한의 모발을 제거하거나 테이퍼를 약간만 해주고자 할 때 사용된다.

② 1/16 inch (27~33발)

중간 정도의 모발을 제거할 때 사용하며 이 기법은 무게를 줄여 주고 생동감을 준다.

③ 1/32 inch(40발 이상)

모발을 최대로 많이 제거하고자 할 때 사용된다.

(7) 테이퍼링(Tapering)

테이퍼링은 끝을 가늘게 한다는 뜻으로 모발 끝으로 갈수록 점차적으로 붓처럼 가늘고 자연
스럽게 모발의 양을 조절하기 위해 머릿결의 흐름을 불규칙으로 커트하는 과정을 말한다.

① 엔드 테이퍼링(End Tapering)

스트랜드 1/3 이내의 모발 끝을 테이퍼 하는 방식이
다. 보통 모발의 숱이 적거나 스타일의 선을 부드럽게
보이기 원할 경우 행해진다.

② 노멀 테이퍼링(Normal Tapering)

스트랜드 1/2 이내의 모발 끝을 테이퍼 하는 방식이다. 보통 모발 숱이 보통일 때 행해진다.

③ 딥 테이퍼링(Deep Tapering)

스트랜드 2/3 이내의 모발 끝을 테이퍼 하는 방식이다. 모발 숱이 지나치게 많을 경우 모발의 양을 적게 보이기 위해 행해진다.

(8) 스트록 커트(Stroke Cut)

가위를 사용하여 마른 모발에 테이퍼링 하는 기법으로 손가락으로 모발의 패널을 잡고 가위가 비스듬하게 모발 끝에서 두피 쪽으로 들어가면서 반복해서 밀어쳐서 모량을 줄이는 기법으로 모발 끝의 움직임과 가벼움, 부드러운 라인을 만드는 목적으로 사용된다,

CHAPTER 02

디자인 결정 및 원리

1 | 헤어디자인의 이미지 분석

헤어디자인의 결정 시 고객의 얼굴형과 신체의 특징을 파악하고 상담 과정에서 고객의 신체적인 면과 정서적인 면, 기술적인 면을 고려하여 시술해야 한다.

- 신체적인 면으로는 고객의 얼굴형, 키, 체형, 신체 골격 구조와 모질의 형태를 고려한다.
- 정서적인 면으로는 고객의 생활 스타일과 선호하는 헤어스타일을 고려하여 결정한다.
- 기술적인 면으로는 고객의 모질 등을 고려하여 원하는 스타일을 만들기 위해 필요한 디자인 과정을 결정한다.

[헤어디자인의 결정 시 주의사항]

- 헤어스타일의 연출 시 모든 얼굴형의 기준이 되는 표준형은 달걀형으로 가장 균형 잡힌 아름다운 형으로 여겨지고 있으며, 달걀형에 가깝도록 헤어스타일을 연출할 수 있도록 한다.
- 우리나라 사람들은 대다수가 두상의 너비가 넓고 납작한 편이나 최근에는 옆얼굴이 좁아지고 이마와 뒤통수가 나온 형태로 많이 변했다.
- 두상의 앞부분이나 뒷부분의 형태가 납작하거나 볼록할 경우 헤어디자인의 형에 맞게 조절해서 결점을 보완해야 한다.
- 얼굴형의 형태로는 달걀형, 둥근형, 장방형, 사각형, 마름모형, 삼각형, 역삼각형으로 나뉜다.

1) 얼굴형에 따른 헤어디자인 분석

(1) 달걀형

우아하고 부드러우며 온화한 인상을 주며 어떠한 스타일도 잘 어울리며 선택의 폭이 넓다.

[커트]

보이시하고 깔끔한 이미지의 커트뿐만 아니라 섹시한 멋을 풍기고 강렬한 개성을 표현하는 쇼트 커트와 스트레이트 헤어스타일도 세련되게 잘 어울린다.

[컬]

톱 부분을 주저 않지 않도록 풍성하게 볼륨을 주고 앞머리는 자연스러운 컬을 살리면서 얼굴을 살짝 감싸주듯 연출한다.

(2) 둥근형

둥근 얼굴은 동양 사람에게 가장 많으며 턱선이 짧고 둥글다. 실제 나이에 비해 어려 보이고 볼에 살이 있어 귀여운 인상을 풍기며 호의적, 안정적, 온화한 느낌을 준다.

■ **둥근형의 보완**

[커트]

턱선까지 내린 보브 스타일은 통통한 볼을 커버하고 얼굴이 길어 보이게 하는 장점이 있으며, 비대칭 커트는 얼굴의 둥그런 느낌을 감소시킨다.

[컬]

- 얼굴이 길게 보이도록 톱에 웨이브를 풍성하게 주며 앞머리에 뱅을 두어 깔끔한 윤곽라인보다는 흐트러진 자연스러운 헤어스타일을 연출한다.
- 옆머리는 차분하게 정리해서 턱선을 감싸 내리는 스타일은 턱을 갸름하게 보이게 하고 통통한 볼을 커버한다.
- 턱의 넓이가 두상의 넓이와 비슷하기 때문에 앞머리나 크라운에 높이를 더해 주어 보완하면 얼굴이 길어 보인다.
- 5 : 5 가르마를 피하고 6 : 4나 7 : 3 파트가 좋다.

(3) 장방형(직사각형)

세로의 길이에 비해 얼굴의 가로의 폭이 좁으므로 턱이 길어 날카로운 인상을 준다.

■ **장방형의 보완**

[커트]

- 특별한 디자인의 중간 부분에 너비를 강조하여 시각적으로 변화를 준다.
- 톱 부분이 좁고 돌출되어 있기 때문에 높이를 더하지 않고 부피감을 줄 것을 권한다.
- 옆머리에 볼륨을 주는 레이어 커트 스타일이 어울린다.

[컬]

- 앞머리에 웨이브 컬을 이용하여 뱅 처리를 하여 얼굴이 길어 보이지 않게 한다.
- 톱 부분을 낮게 하고 옆머리에 볼륨을 주도록 웨이브가 있는 펌 디자인을 연출하는 것이 효과적이다.

(4) 사각형(정사각형)

• 광대뼈와 턱이 돌출되어 있어 강하고 당당한 인상을 풍기는 반면 완고하고 고집스러운 딱딱한 인상을 주기 쉽다.

• 성실하고 운동가적인 타입으로 건실한 느낌을 준다.

■ 사각형의 보완

[커트]

• 톱 부분에 높이를 더해 주면 전체적으로 얼굴형이 길어 보이게 하는 동시에 부드러운 곡선으로 사각형 얼굴의 각진 모습을 감소시켜 준다.

• 중간 길이의 그래쥬에이션 커트 후 C컬 펌이나 비대칭 커트 스타일이 잘 어울린다.

[컬]

• 볼륨 펌을 시술하여 톱 부분에 볼륨이 풍성하도록 웨이브를 주고 옆머리는 볼륨을 주지 않는 스타일로 턱선의 각진 부분을 감소시켜 준다.

(5) 마름모형

화려한 인상을 풍기는 반면 광대뼈로 인해 나이가 들어 보이기 쉬우며 이마와 턱이 좁은 형이다.

■ 마름모형의 보완

[커트]

- 이마 부분과 턱 부분을 폭넓게 보이도록 하는 것이 중요하다.
- 초라하고 단조로운 스타일은 광대뼈를 더욱 두드러지게 보인다.
- 레이어와 그래쥬에이션 혼합형이나 원랭스와 레이어 혼합형 커트를 시술하여 목선 부분에 무게와 볼륨을 준다.

[컬]

- 뱅을 내려 볼륨을 주어 이마를 가리고 광대뼈 부분은 바짝 붙이면서 부드러운 컬을 이용하여 턱선의 아래쪽을 풍성한 볼륨을 주어 달걀형을 만든다.
- 초라하고 단조로운 스타일은 피한다.

(6) 삼각형

- 이마 부분이 좁고 턱이 넓게 보이는 형이다.
- 좁은 이마와 관자놀이가 들어가 보이는 타입으로 넓은 턱 주위의 너비를 좁게 하고 톱부분의 볼륨을 추가시켜 균형을 이루게 해준다.

■ **삼각형의 보완**

[커트]

- 턱의 넓은 부분을 축소시켜 얼굴 윤곽을 부드럽게 하는 커트 스타일이 좋다.
- 앞머리에 볼륨을 주어 좁은 이마가 넓어 보이는 착시 효과를 주거나 목선 아래에 무게감이 있는 그래쥬에이션 커트 스타일이 잘 어울린다.

[컬]

옆선을 강조한 웨이브나 좁은 이마를 감출 수 있는 큰 뱅을 이용하고 양 볼의 선을 좁게 보이기 위해서 부드러운 웨이브를 주어 귀를 덮어 준다.

(7) 역삼각형

- 이마의 폭이 넓고 턱선이 좁아 보이며 샤프한 이미지를 풍긴다.
- 볼에 살이 적어 지적이고 스마트해 보이나 자칫하면 쌀쌀하고 차가운 인상을 줄 수 있다.

■ **역삼각형의 보완**

[커트]

앞머리를 살리는 뱅 스타일을 추천하며 옆머리를 억제하고 하단을 강조하여 턱선을 보완하는 커트 스타일로 양끝 을 살짝 말아 얼굴을 감싸는 레이어드 헤어스타일이 어울린다. 긴 머리는 턱이 더 뾰족하게 보이므로 피한다.

[컬]

- 앞머리에 볼륨을 살려 큰 웨이브로 이마를 좁게 보여지게 하고 턱 부분은 굵은 웨이브를 연출하여 볼륨을 살려 주게 되면 뾰족한 턱선을 완화시킬 수 있다.
- 어깨 길이의 C컬이 있는 웨이브 스타일이 잘 어울린다.

2) 체형에 따른 헤어디자인 분석

체형이란 골격, 근육, 피하지방층의 두께와 침착 부위, 피부에 의해 이루어지는 인체의 모양으로 체격을 외견상의 특징에 의해 분류된다.

(1) 균형 잡힌 체형

가장 이상적이고 아름다운 체형으로 헤어스타일을 연출 시 어떠한 형태에 구애받지 않으며, 롱 헤어스타일이나 쇼트 커트 모두가 잘 어울린다.

(2) 마른 체형

마른 체형은 롱 헤어스타일에 굵은 S컬이나 C컬의 웨이브를 주거나 긴 목에 무게감이 있는 볼륨을 주는 헤어스타일을 연출하는 것이 좋다.

[키가 작고 마른 체형]

• 대체로 어떤 헤어스타일이라도 잘 어울리나 옆머리에 볼륨이 없는 스타일은 주의해야 한다.
• 쇼트 커트나 어깨 길이의 C컬 웨이브 스타일이 잘 어울린다.
• 그래쥬에이션 커트는 볼륨을 살릴 수 있어 얼굴이 부드러워 보일 수 있다.
• 스트레이트는 왜소해 보일 수 있으니 피하고 심플하게 연출된 중간 길이의 헤어스타일이 잘 어울린다.

[키가 크고 마른 체형]

- 보브 커트나 어깨 길이의 C컬 웨이브 스타일이 잘 어울린다.

- 짧은 쇼트 커트나 베이비 펌은 자칫 왜소해 보일 수 있으니 피한다.

- 긴 머리에 볼륨 있는 S컬 웨이브 스타일이나 심플하게 연출된 짧은 헤어스타일도 잘 어울린다.

얼굴형		달걀형	둥근형	사각형	삼각형	마름모형
마른 체형	작은 키	쇼트 커트	중간 길이의 웨이브	미디엄 커트	미디엄 커트	미디엄 커트
	큰 키	긴 웨이브 (볼륨 있는 스타일)	미디엄 커트 (스트레이트 스타일)	미디엄 커트 (굵은 웨이브)	미디엄 커트 (부드럽고 우아 스타일)	미디엄 커트 (옆 가르마)

(3) 뚱뚱한 체형

- 뚱뚱한 체형은 톱 부위에 볼륨을 주고 머리 길이를 길게 늘어뜨리면 시각적인 착시 현상으로 목이 길어 보인다.

- 짧은 쇼트 헤어나 보브 스타일은 목의 길이가 길어 보이게 하는 반면 전대각 파팅의 커트는 목을 더 짧게 보이게 한다.

- 후대각 파팅의 둥근 라인은 짧은 목을 길어 보이게 한다.

- 목선 부위에 볼륨이 많은 웨이브 스타일이나 무게감을 주면 짧거나 굵은 목을 강조하므로 피하는 것이 좋다

- 롱 헤어스타일은 피한다.

[키가 작고 뚱뚱한 체형]

- 볼륨이 많은 커트는 자칫 얼굴이 더 커 보이게 할 수 있다. 두상에 볼륨이 너무 커지지 않게 주의하며 자연스러운 스타일이 좋다.
- 쇼트 커트가 가장 잘 어울리며 어깨 길이의 층이 있는 그래쥬에이션 커트 후 C컬 웨이브와 비대칭 커트도 잘 어울린다.
- 중간 길이의 C컬 펌은 잘 어울리나 스트레이스 펌은 자칫 뚱뚱해 보일 수 있으니 피한다.

[키가 크고 뚱뚱한 체형]

- 심플한 스타일이 좋으며 볼륨이 있는 롱 헤어스타일은 큰 체형이 더 커 보이기 때문에 피한다.

얼굴형		달걀형	둥근형	사각형	삼각형	마름모형
뚱뚱한 체형	작은 키	중간 길이의 그래쥬에이션 커트 (톱 부분의 볼륨)	쇼트 커트 나 비대칭형 스타일	미디엄 커트	미디엄 커트 (어깨선을 지나지 않도록)	미디엄 커트
	큰 키	중간 길이의 적당한 볼륨이나 스트레이트	쇼트 커트 (경쾌한 스타일)	미디엄 커트 (대담, 화려)	미디엄 커트 (단정)	쇼트 커트

3) 목과 어깨의 넓이에 따른 헤어디자인 분석

헤어디자인 결정 시 더 중요하게 고려해야 할 것은 목과 어깨이다. 목의 길이는 고객마다 다를 수 있으므로 디자인 결정할 때 고려되어야 한다.

(1) 짧은 목

- 짧은 목은 전체적으로 너무 많은 볼륨을 주는 스타일은 피하고 디자인의 높이를 강조해줌으로써 길게 보일 수 있다.
- 긴 머리를 유지하고 싶을 경우 머리를 묶어 올리는 세미업 스타일 등이 무난하다.

[큰 얼굴]
롱 헤어스타일은 피하고 중간 정도의 웨이브 헤어스타일이 잘 어울린다. 앞부분의 머리는 턱선까지 자르고 레이어커트 후 C컬 펌 연출한다.

[작은 얼굴]
목은 짧지만 얼굴이 작을 경우 쇼트 커트가 잘 어울린다. 짧은 커트는 다소 밋밋해 보일 수 있는 이목구비를 뚜렷하게 보이는 효과가 있다.

(2) 긴 목

- 긴 목은 길고 가는 목 둘레의 공간을 채우기 위해 볼륨을 줄여 단점을 보완한다.
- 짧은 쇼트 커트는 긴 목을 그대로 드러나기 때문에 피한다.
- 롱 레이어 커트는 전체적으로 수직 라인이 강조되고, 목의 길이가 더욱 눈에 띄기 때문에 커트 후 굵은 웨이브를 주어 볼륨을 형성한다.

[마른 체형]
목이 긴 분들은 짧은 헤어스타일은 자칫 잘못하게 되면 너무 왜소해 보이기 때문에 긴 머리에 굵은 웨이브 스타일이 잘 어울린다. 굵은 웨이브 머리를 어깨 앞쪽으로 드러내주면 긴 목을 가리는 데 효과적이다.

(3) 넓은 어깨

- 길게 늘어진 커트로 넓은 어깨를 가려 주어 단점을 보완할 수 있다.
- 어깨 주변에 층을 주면 넓은 어깨와 볼륨이 겹치고 어깨 폭이 넓다는 것을 강조하게 된다.

(4) 좁은 어깨

어깨가 좁으면 얼굴이 커 보이는 단점이 있다. 어깨에 무게감과 볼륨을 살릴 수 있는 그래쥬에이션 커트나 굵은 웨이브 스타일이 잘 어울린다.

4) 뱅(Bang)에 따른 이미지 분석

앞머리의 모양을 어떻게 만들어 주느냐에 따라 사람마다 분위기가 다르게 변한다. 직선, 곡선, 사선의 형태를 얼굴형에 어울리게 디자인하여야 하며 앞머리 뱅을 이용하여 무거움, 가벼움, 불규칙함 등 다양한 표현을 할 수 있다.

(1) 사선 뱅

- 사선으로 앞머리를 넘겨 여성스럽고 차분한 느낌을 주며 각진 얼굴형의 경우 단점을 보완하여 이미지를 부드럽게 해준다.
- 유행을 타지 않는 무난한 뱅 머리로서 가장 많이 시술되고 있다.
- 얼굴형이 긴 경우는 더욱 길어 보기기 때문에 피한다.
- 달걀형이나 사각형 얼굴에 잘 어울린다.

(2) 시스루 뱅

- 한쪽을 길게 내려지는 뱅 머리로서 여성스러움을 느끼겠으나 약간은 미스테리한 느낌을 갖는다. 또한, 기장에 따라 다르게도 느낌을 가질 수 있기 때문에 얼굴형에 맞게 적절하게 만든다.
- 둥근형이나 달걀형 얼굴에 잘 어울린다.

(3) 일자형 뱅

- 귀여운 이미지를 연출할 수 있으며 머리숱이 많을 경우에는 피한다.
- 이마가 넓을 경우 짧은 일자형 뱅 앞머리를 연출하는 것이 좋으며, 눈썹을 보이게 자르면 촌스러운 이미지를 줄 수 있다.

- 좀 개성적인 느낌을 가질 수는 있으나 딱딱한 느낌의 표현도 가진다. 그러나 여기에 질감을 가볍게 넣는다면 쾌활하고 성실한 느낌으로서 평범함을 얻을 수 있다.
- 장방형이나 역삼각형 얼굴에 잘 어울린다.

(4) 라운드 뱅

- 귀여운 느낌과 동안 이미지를 느낄 수 있다.
- 눈에 반 정도를 가리게 되면 강한 이미지와 와일드한 느낌을 줄 수 있기 때문에 눈썹이 살짝 보이는 정도가 좋다.
- 달걀형과 삼각형, 역삼각형 얼굴에 잘 어울린다.

(5) 와이드 뱅

- 때 묻지 않은 순수함이 드러나는 스타일이다.
- 얼굴형이 긴 경우 와이드 뱅 앞머리를 한다면 얼굴이 옆으로 넓어 보이는 효과가 있어 조화를 잘 이룬다.
- 20대에 잘 어울린다.

(6) 처피 뱅

- 짧은 앞머리에 포인트를 두고 얼굴 라인에 따라 일자형이나 A라인으로 쥐 파먹은 듯한 삐뚤빼뚤 짧게 연출한 스타일이다.
- 앞머리 자체가 짧게 훅 올라가는 귀여운 느낌이라 긴 머리보다는 단발머리에 매치가 잘 되는 스타일이다.
- 잘 연출하면 스타일리시하고 개성 만점이지만 자칫 잘못하면 시골 촌뜨기마냥 촌스러워지는 스타일이다.
- 사각형이나 마름모형 얼굴에 잘 어울린다.

5) 가르마에 따른 이미지 분석

사람의 첫인상은 헤어스타일이 많은 부분을 차지한다. 아무리 똑같은 헤어스타일이라도 가르마를 어떻게 타느냐에 따라 분위기가 달라지기 때문이다. 가르마는 얼굴형의 단점을 보완하고 장점을 강조해 주는 역할을 한다. 헤어스타일 연출 시 고객의 얼굴형, 유행 흐름, 모류의 방향, 헤어스타일의 형태 등을 고려하여야 한다.

(1) 사이드 가르마

- 사이드 가르마는 깨끗하고 분명한 인상을 주며 안정감과 평면적인 느낌을 나타낸다.
- 강렬하고 강한 이미지의 느낌을 받지만, 얼굴이 커 보이는 경우 단점을 커버하고 세련된 이미지를 보여 줄 수 있다.
- 둥근형이나 삼각형 얼굴에 잘 어울린다.

(2) 곡선 가르마

- 곡선 가르마는 골덴 포인트를 향해 라운드로 나눈 가르마로 둥그스름한 느낌을 주고 입체적으로 유연하고 섬세한 효과를 준다.
- 얼굴형이 갸름하고 우아하고 여성스러운 분위기를 연출하는 가르마로 각이진 얼굴형과 긴 얼굴형인 사람들에게도 잘 어울린다.
- 장방형 얼굴이나 삼각형 얼굴에 잘 어울린다.

(3) 정수리 방향의 곡선 가르마

- 정수리 방향의 가르마는 둥그스름하게 가르마를 타서 정수리가 강조되어 볼륨을 높게 보이는 효과가 있다.
- 세련되면서 성숙한 이미지를 만들어 주기에 면접과 같은 격식을 차리는 자리에서 많이 선호되는 가르마이다.
- 여성스러운 느낌을 연출할 수 있으며 어떤 얼굴형에도 잘 어울린다.
- 장방형이나 역삼각형, 마름모형 얼굴에 잘 어울린다.

(4) 센터 가르마

- 센터 가르마는 분할 효과를 경쾌하고 뚜렷하게 강조하며 평면적인 느낌을 느끼게 한다.
- 이목구비가 강조되며, 턱이 작고 갸름한 달걀형과 이마가 넓고 턱이 좁은 역삼각형에 잘 어울린다.
- 긴 얼굴을 더 길어 보일 수 있어 피한다.
- 사각형 얼굴에 잘 어울린다.

(5) 지그재그 가르마

- 지그재그 가르마는 개성 있고 발랄한 스타일을 연출하면서도 모발의 양을 풍성하게 살릴 수 있다는 장점이 있다.
- 섹시한 느낌을 줄 수 있으며 나이에 비해 어려 보인다.
- 눈썹 앞머리를 기준으로 지그재그 모양으로 꼬리빗을 이용해 가르마를 탄다.
- 머리숱이 적거나 자연스런 파트를 나누고자 할 때 사용된다.
- 사각형이나 마름모형 얼굴에 잘 어울린다.

(6) 무 가르마

- 무 가르마는 귀여운 이미지를 연출과 동안 스타일에 가장 어울리는 스타일이다.
- 톱 부분과 이마 페이스 라인을 풍성하게 보임으로써 귀엽고 갸름한 인상을 줄 수 있다.
- 턱이 뾰적한 역삼각형이나 마름모형 얼굴에 잘 어울린다.

2 | 헤어디자인의 이미지

1] 로멘틱 / Romantic

로멘틱은 동화 속의 공주처럼 감미롭고 부드러운 분위기에 대한 동경을 표현한다. 자유로운 인간의 감정을 표현하는 낭만주의에서 유래하였으며 사랑스럽고 귀여운 분위기를 잘 표현하는 색채는 파스텔 톤이다. 주로 라이트 톤, 페일 톤, 브라이트 톤으로 비교적 밝은 톤의 피치, 핑크, 옐로, 퍼플 계열이 주 색상이다.

2) 엘리건트 / Elegant

엘리건트는 불어로 '우아한, 고상항, 맵시'의 뜻으로 기품 있는, 우아한, 고상한, 근사한, 세련된, 드레시한 이미지를 나타낸다. 여성의 품위 있는 여성다움을 추구한다. 명도가 낮은 파스텔 톤이나 그레이시 톤의 조합은 엘리건트한 이미지를 잘 표현해 준다. 배색은 라이트 톤, 브라이트 톤, 소프트 톤을 사용한다.

3) 프리티 / Pretty

프리티는 귀엽고 화사하며, 사랑스러운 이미지로 여리고 밝은 이미지를 지닌 색채라고 할 수 있다. 밝고 가벼운 라이트 톤이나 브라이트 톤, 파스텔 계열로 배색을 한다. 밝고 선명한 색조의 노랑, 빨강, 연두 계열을 활용하면 프리티한 이미지를 만들 수 있다.

4) 매니시 / Mannish

　'남자 같은' '남성적인'이라는 뜻으로 도시적인 남성의 이미지를 가진 색채라고 볼 수 있다. 자립심이 강하며 건강하고 활동적인 이미지의 여성을 표현한다. 모던과도 색의 느낌이 유사하다. 차가운 색조나 무채색의 색조가 매니시를 잘 표현한다.

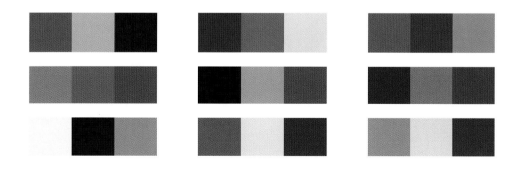

5) 내추럴 / Natural

가공하지 않은 자연의 부드럽고 친근감이 있는 색채로 대 자연에서 찾을 수 있는 색상들이 내추럴 이미지를 잘 표현할 수 있다. 자연이 가지고 있는 온화함, 정다움 등 꾸미지 않은 이미지를 나타내는 것으로 베이지 계열, 카키색 계열, 브라운 계열을 들 수 있다.

6) 클래식 / Classic

　　전통성과 윤리성을 존중하고 고급스러움을 추구하는 이미지이다. 고전적인, 고상한, 보수적인, 고풍스러운, 중후한, 기품 있는 등의 의미이다. 고전적인 예술품에서 보이는 색상들과 중후해 보이는 색상들, 즉 와인, 다크 그린, 겨자, 딥 블루 등의 색상이 딥 톤과 다크 톤의 다양한 색채들과 어우러져 중후함을 주어 클래식한 이미지를 나타낼 수 있다.

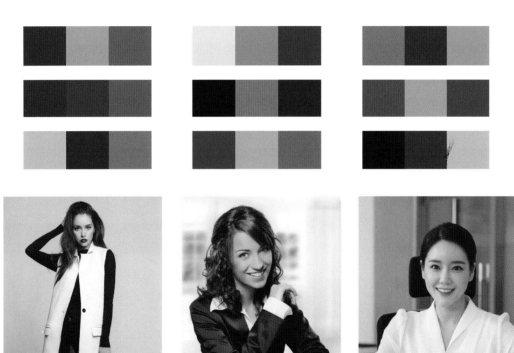

7) 모던 / Modern

지적 세련됨과 도회적이고 하이테크한 감성을 바탕으로 진취적이고 개성적이며 앞선 감각의 이미지를 추구해 가는 것이다. 모던 이미지의 대표색은 무채색이며 무채색 외에도 차가운 색상의 느낌으로 모던한 이미지를 연출할 수 있다. 또한, 대담한 색채 대비나 명암 대비를 통해 미래 지향적인 이미지를 나타낼 수 있다.

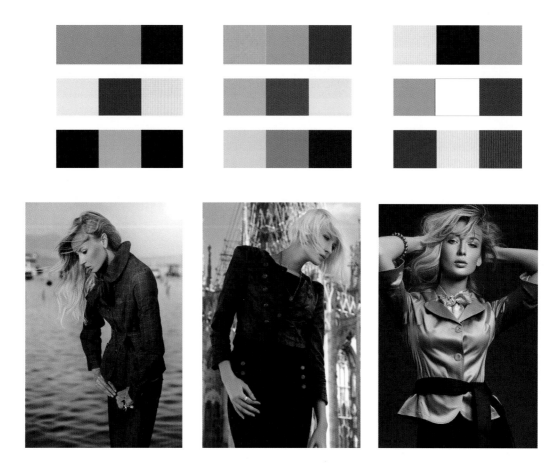

8) 엑티브 / Active

밝고 쾌활한, 건강한, 자유, 활동성, 생동감, 명랑함을 느낄 수 있는 이미지를 가진다. 색은 주로 비비드 톤을 위주로 하며 브라이트 톤 등 화려하고 밝은색상들이 선호된다.

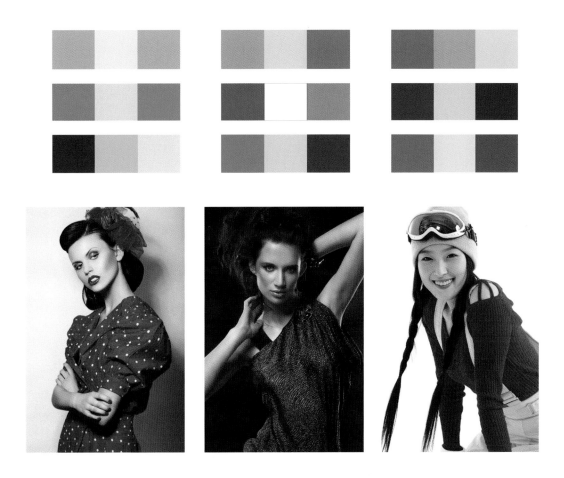

3 | 디자인 원리

헤어스타일은 헤어디자이너가 고객의 머리 길이, 모발의 질감, 컬러를 조화롭게 표현하는 것이다. 디자인 요소를 배열하는 패턴으로 무수한 디자인을 창조할 수 있다.

(1) 반복(Repetition)

일정한 간격을 두고 되풀이되는 것을 반복이라 하며, 위치를 제외한 모든 요소와 동일한 형이 반복되면 정돈되어 보이고 통일감이 생긴다.

(2) 교대(Alternation)

두 가지 또는 그 이상의 요소들이 연속적인 패턴에 의한 반복을 말하며 서로 상반된 요소에 의해 표현하고자 하는 특징을 부각하는 것을 의미한다.

(3) 진행(Progression)

모든 요소들이 비슷하지만 연속적인 일정한 비율로 변할 경우 증가 또는 감소된다. 진행은 점증 또는 강조의 원리로 나뉜다. (예, 인크리스 레이어)

(4) 대조(Contrast)

서로 상반되는 요소가 인접해 있는 것을 대조라 한다. 상반되는 요소들이 바람직한 관계를 형성하여 다양한 디자인을 만들며 서로 반대되는 요소들로 인하여 흥미를 느끼게 한다.
(예, 유니폼 레이어와 원랭스의 혼합형)

(5) 비조화(Discord)

서로 상반되는 요소 간의 격차가 최대일 때(전위적인 형)비조화 라고 한다.
(예, 디스커넥션)

(6) 균형(Balance)

미적으로 만족스러운 디자인 요소들의 통합(대칭과 비대칭) 디자인에서 시각적으로 느껴
지는 무게감을 나타내며 역동성을 만들어 내는데 필수적인 역할을 한다.

- 대칭(Symmetry) : 크기, 형태 등 균형이 중심축을 기준으로 양쪽이 같다.
- 비대칭(Asymmetry) : 크기, 형태 등 균형이 중심축으로 양쪽이 상반되어 있다.

CHAPTER 03

응용 헤어커트 실습

1

인크리스 레이어형 (슬라이드)

학습 내용	인크리스 레이어형(슬라이드)
수업 목표	• 인크리스 레이어형의 기본 구조를 분석할 수 있다. • 인크리스 레이어형의 특징을 설명할 수 있다. • 슬라이드 커트 테크닉을 시술할 수 있다. • 수직 & 피봇 파팅을 나눌 수 있다.

1) 헤어커트 준비하기

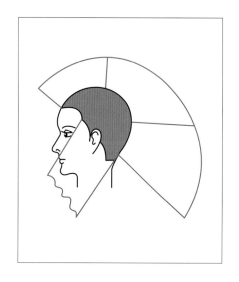

2] 헤어커트 시술하기

(1) C.P를 기준으로 N.P까지 정중선으로 섹션을 나눈다.

(2) 수직 파팅하여 빗질하고 턱선을 기준으로 가이드를 설정한다. 오른 손의 손가락 위치는 바닥과 수직으로 하고 왼 손의 손끝은 위로 향하게 한다. 손가락은 파팅과 비평행하여 모발 끝까지 슬라이드 커트한다.

(3) E.B.P까지 동일한 방법으로 슬라이드 커트하여 모발 끝까지 연결한다.

(4) 크라운 부위는 피봇 파팅한다. E.B.P의 가이드라인을 턱선에서 재설정하여 모발 끝까지 슬라이드 커트하여 옆머리와 자연스럽게 연결한다.

(5) 반대쪽과 동일하게 턱선을 기준으로 가이드를 설정한다. 왼손은 아래를 향하게 모발을 잡은 다음, 오른손은 왼쪽 손등에 고정시켜 모발 끝까지 슬라이드 커트한다.

(6) E.B.P까지 동일한 방법으로 커브 곡선을 그리듯 시술한다.

(7) 크라운 부위는 피봇 파팅하여 변이 분배로 옆머리와 자연스럽게 연결한다.

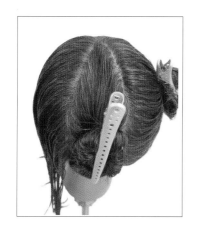

(8) 밑머리는 자연 시술각 상태에서 형태 선을 유지하여 수평으로 블런트 커트한다.

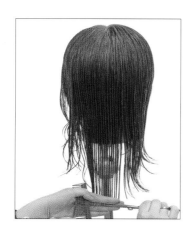

(9) 모발의 확장감을 증가하기 위해 틴닝 가위를 사용하여 모량을 조절한다.

(10) 완성

3] 스타일링 시술하기

(1) 후두부를 C.P에서 N.P까지 정중선으로 나눈 후 수평 파팅을 한다. 네이프는 각도를 낮추어 모근에서 모간으로 드라이한다. 모발 길이와 In J컬 스타일에 맞는 롤 브러시의 크기와 재질을 고려하여 선택한다.

(2) 모발을 펴주며 내려오다가 모선에서 한 바퀴 반 회전하여 감아 준다. 모선에 가까워지면 각도를 낮추어 롤 브러시를 돌리며 서서히 롤 브러시를 빼주며 In J컬의 형태를 만든다.

(3) 자연스러운 볼륨감을 얻기 위해 90°로 드라이한다. 모근에서 텐션을 이용하여 롤을 회전
시키고 잠시 멈춰 식혀준 후 세워진 볼륨을 지나 텐션을 유지하며 펴주고 모선에서는 각도
를 낮추어 In J컬 스타일을 만든다.

(4) 크라운 부분까지 동일한 방법으로 In J컬 스타일로 시술을 한다. 롤을 패널 위로 올려 드라
이 몸체로 밀어 모발이 롤에 감기도록 한다. 상하로 열풍을 주어 뜸을 들인 후 롤을 빼주면
서 스타일을 만든다.

(5) 톱 부분은 120~135°로 드라이한다. 롤의 회전력으로 텐션을 준 후 잠시 멈춰 볼륨을 만든
다. 모근 볼륨을 지나 텐션을 주며 매끄럽게 드라이한다.

(6) 모발에 텐션을 주며 최대한 각도를 낮추어 열풍을 주면서 매끄럽게 펴준 후 모선에서 사선
이 되도록 하여 In J컬 스타일로 시술한다. 다음 섹션도 동일한 방법으로 연속 시술한다.

(7) 반대쪽도 동일하게 In J컬로 시술한다.

(8) 포워드 방향으로 In J컬로 자연스럽게 연결한다.

(9) 완성

4] 응용 헤어 스타일

2

인크리스 레이어형 응용
(앞머리 비대칭)

학습 내용	인크리스 레이어형 응용(앞머리 비대칭)
수업 목표	• 인크리스 레이어의 기본 구조를 분석하고 특징을 설명할 수 있다. • 프린지(뱅)의 구분과 특징을 설명할 수 있다. • 수직 & 피봇 파팅을 나눌 수 있다. • 스퀘어 커트의 특징을 설명할 수 있다. • 스퀘어 커트 시 빗질 방향을 이해하고 시술할 수 있다.

1) 헤어커트 준비하기

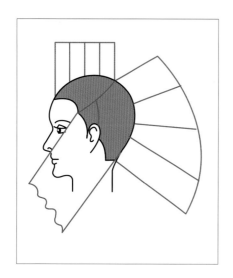

2] 헤어커트 시술하기

(1) 왼쪽 눈동자를 기준으로 T.P까지 섹션을 나누고, T.P에서 오른쪽 F.S.P까지 커브 곡선을 그리듯 섹션을 나눈다.

(2) T.P에서 E.B.P까지 정중선으로 나눈다.

(3) 앞머리는 사선으로 파팅한 다음, 입술 선에 가이드를 설정한다.

(4) 앞머리는 낮은 시술각으로 직각 분배하여 파팅과 평행하여 커트한 후 앞머리 가이드를 오른쪽 가르마에 고정하여 뒤쪽이 길어지도록 변이 분배하여 커트한다.

(5) 사이드는 수직 파팅하여 가이드를 앞머리에 맞춘다. 연속적으로 직각 분배, 손가락은 파팅과 비평행으로 커트한다.

(6) 후두부는 E.B.P에 고정시켜 피봇 파팅하여 직각 분배, 손가락은 파팅과 비평행으로 밑머리
와 자연스럽게 연결하며 정중선까지 커트한다.

(7) 반대쪽 후두부도 같은 방법으로 커트한다.

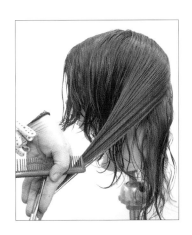

(8) 밑머리는 자연 시술각으로 라운드 형태로 정리한다.

(9) 인테리어는 피봇 파팅하여 T.P에 가이드를 설정하여 스퀘어 커트한다. 손 위치가 바닥면과 평행을 이루도록 한다.

(10) 인테리어는 형태 선을 유지하며 틴닝 가위를 사용하여 가볍게 질감 처리한다.

(11) 완성

3) 스타일링 시술하기

(1) 네이프는 각도를 낮추어 모근부터 드라이한다.

(2) 모발은 모간에서 낮은 각도로 롤 브러시로 펴준 다음 한 올 한 올 감기도록 롤링하여, 자연 스럽게 J컬로 펴준다.

(3) 90°로 롤 브러시를 대고 회전하여 텐션을 주어 매끄럽게 펴준 후, 모선에 가까워지면 각도를 낮추어 롤 브러시를 돌리며 서서히 빼준다.

(4) 모발이 롤에 한 바퀴 말리면 C컬이 됨으로 한 바퀴 감으면서 상하로 열풍을 준다. 자연스럽게 연출하기 위하여 모근에서 텐션을 이용하여 롤을 회전시키고 텐션을 유지하면서 시술한다.

(5) 사이드는 각도를 낮추어 자연스럽게 드라이한다. 모발에 텐션을 주며 매끄럽게 펴준 후 모
   선에서 사선이 되도록 자연스럽게 펴준다.

(6) 반대쪽도 노즐과 패널이 45를 유지하면서 각도를 낮추어 드라이한다. 모발에 텐션을 주며
　　매끄럽게 펴준 후 모선에서 사선이 되도록 하여 자연스럽게 펴준다.

(7) 앞머리와 자연스럽게 연결하기 위해 롤을 전대각으로 기울어서 낮은 각도로 펴준다.

(8) 앞머리는 가르마 방향에서 낮은 각도의 사선으로 하여 포워드 방향으로 각도를 낮추어가며
자연스럽게 흐르는 스타일로 연결한다.

(9) 완성

4] 응용 헤어 스타일

3

원랭스와 그래쥬에이션 혼합형

학습 내용	원랭스와 그래쥬에이션 혼합형
수업 목표	• 원랭스의 기본 구조를 분석하고 특징을 설명할 수 있다. • 그래쥬에이션의 기본 구조를 분석하고 특징을 설명할 수 있다. • 시스루 뱅의 특징을 설명할 수 있다. • 직각 분배의 특징을 설명할 수 있다.

1] 헤어커트 준비하기

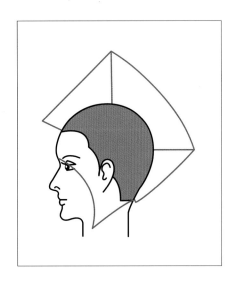

2] 헤어커트 시술하기

(1) C.P에서 N.P, T.P에서 E.B.P까지 섹션을 나눈다.

 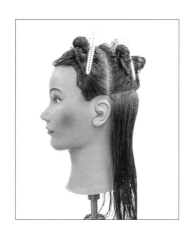

(2) 네이프를 수평으로 가이드를 내린다. B.P 아래까지 가이드를 설정한 다음 수평 파팅, 자연
분배, 자연 시술각으로 원랭스 커트한다.

(3) B.P부터는 전대각 파팅, 중간 시술각, 직각 분배로 파팅과 평행하여 커트한다.

(4) 연속하여 손가락은 전대각 파팅과 평행하게 하고 중간 시술각, 직각 분배, 이동 가이드라인
으로 시술한다. 두상이 곡면을 따라 완만한 컨케이브 라인을 완성된 것을 확인한다.

(5) 인테리어도 동일한 방법으로 시술한다.

(6) 사이드는 전대각 파팅하여 E.B.P에 고정시켜 낮은 시술각으로 뒷머리와 연결한다.

(7) 손가락 위치는 파팅과 평행하며 낮은 시술각으로 직각 분배하여 시술한다.

(8) 반대쪽도 오른쪽 시술 방법과 같이 동일하게 시술한다.

(9) 프린지는 사각 섹션으로 나눠 수평 파팅하여 자연 분배, 원핑거 시술각으로 커트한 후, 무게감을 줄이기 위해 코너를 정리하여 시스루 뱅을 연출한다.

(10) 페이스 라인은 형태 선과 비평행하여 자연스럽게 연결한 후, 틴닝 가위를 사용하여 가볍게 질감처리한다.

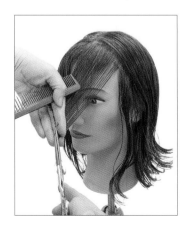

3] 스타일링 시술하기

(1) 후두부를 C.P에서 N.P까지, T.P에서 E.B.P로 나눈다.

(2) 네이프는 1.5~2cm 정도 섹션을 뜬다. 모간쪽에서 롤링하여 머리카락을 한 올 한 올 감기도록 롤링한 다음, 롤 브러시에 반 바퀴 감은 후 텐션을 주어 자연스럽게 펴준다.

(3) 후두부는 70°로 롤 브러시를 대고 텐션을 주어 매끄럽게 펴준 후 모선에서 회전하여 가볍게 펴준다. 모선에 가까워지면 각도를 낮추어 시술한다.

 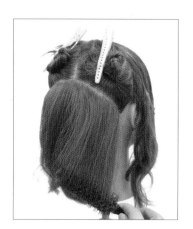

(4) 크레스트 윗부분은 90°로 드라이하고 모간 쪽으로 갈수록 각도를 낮추어 드라이 후 모발을 롤링하여 자연스럽게 롤을 아웃시킨다.

(5) 볼륨을 연출하기 위하여 120~135°로 하고 모근에서 롤을 회전시키고 텐션을 유지하며 열풍을 준다. 롤을 반 바퀴 돌려 식힌 후 펴주고 모발 끝까지 자연스럽게 연결한다.

(6) 사이드는 모발에 텐션을 주며 각도를 낮추어서 매끄럽게 펴준다. 연속하여 연결시키며 모발이 빠져 나올 때까지 드라이어와 롤 브러시를 유지시켜 시술한다.

(7) 모간까지 자연스럽게 드라이 후 롤을 롤링한다. C자 형태로 포물선을 그려 포워드(얼굴 방향)으로 롤을 아웃시키며 시술하다.

(8) 왼쪽도 모발에 텐션을 주며 매끄럽게 펴준 후 사이드와 백을 연결하여 한 번 더 시술한다

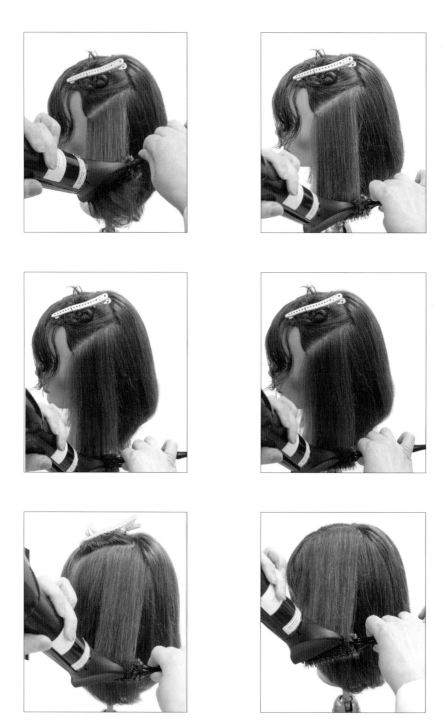

(9) 앞머리를 시스루 뱅을 연출하기 위해 두상에 90°로 롤 브러시를 대고 텐션을 주며 모선을
자연스럽게 펴준다.

(10) 앞머리와 옆머리를 연결하여 펴준다.

(11) 완성

4) 응용 헤어 스타일

4

비대칭 그래쥬에이션형

학습 내용	비대칭 그래쥬에이션형
수업 목표	• 그래쥬에이션의 기본 구조를 분석하고 특징을 설명할 수 있다. • 전대각 파팅과 수평 파팅의 차이점을 설명할 수 있다. • 커트 시술 시 파팅 변화에 따른 형태 선의 변화를 설명할 수 있다. • 일자 뱅의 특징을 설명할 수 있다.

1] 헤어커트 준비하기

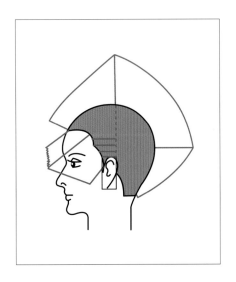
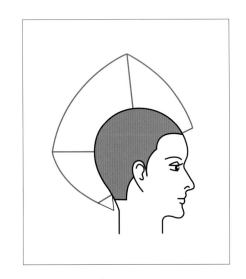

2) 헤어커트 시술하기

(1) C.P에서 N.P까지 정중선으로 섹셔닝 하고, T.P에서 E.B.P까지 섹션을 나눈다.

(2) 두상을 똑바로 한 다음, 전대각 파팅하여 자연 시술각 0°로 가이드를 설정한다.

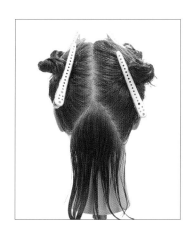 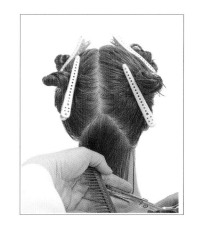

 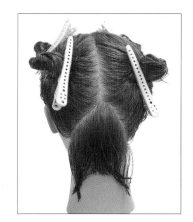

(3) 후두부부터는 가파른 전대각 파팅한다. 직각 분배, 높은 시술각, 손가락 위치는 파팅과 평행
하여 그래쥬에이션을 커트한다. 좌우의 길이가 동일한지 체크하고 파팅과 평행한 형태를을
확인한다.

(4) 계속해서 가파른 전대각 파팅, 직각 분배, 높은 시술각, 손 위치를 평행으로 이동 가이드를
컨케이브 형태 선이 나오도록 시술한다.

(5) 크레스트 윗부분인 인테리어에서도 동일하게 직각 분배, 높은 시술각으로 연결하여 후두부
　　에서 컨케이브 라인으로 커트한다.

(6) 사이드는 머리를 앞으로 기울여서 가파른 전대각 파팅으로 E.B.P의 길이로 가이드를 재설
　　정한다.

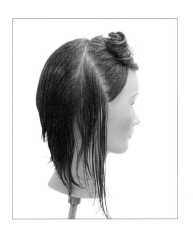
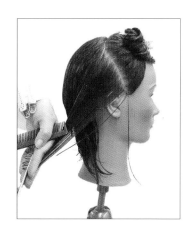

(7) 계속해서 전대각 파팅, 직각 분배, 높은 시술각으로 시술하며 크레스트 윗부분인 인테리어
　　에서는 머리를 똑바로 하여 옆머리와 연결한다.

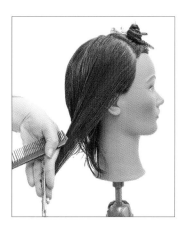

(8) 반대쪽 사이드는 머리를 똑바로 세우고 수평 파팅하여 뒷머리 E.B.P의 머리와 연결한다.

(9) 계속하여 수평 파팅하여 자연 분배, 높은 시술각, 손가락 위치는 파팅과 평행하여 커트한다.

(10) 프린지는 삼각 섹션 한 후, 양쪽 눈 사이를 가이드로 수평으로 블런트 커트하여 일자 뱅으로 연출한다.

3) 스타일링 시술하기

(1) 후두부를 C.P에서 N.P까지, T.P에서 E.B.P로 나눈 후 B.P에서 전대각 파팅으로 시술한다.
    드라이 노즐의 위치는 패널과 45°를 유지하면서 자연스럽게 시술한다.

(2) 모발을 롤에 반 바퀴 감고 롤에 있는 열이 모발에 전달되도록 뜸을 준다. 롤 브러시를 돌려
    자연스럽게 포워드로 빼준다.

(3) 두상 각도에 90°로 롤 브러시를 대고 텐션을 주어 매끄럽게 펴준 후 모발 끝에 가까워지면
   각도를 낮추고 롤을 회전하여 가볍게 빼준다.

(4) 톱 부분의 볼륨을 연출하기 위해 모근에서 120~130°로 롤을 회전시키고 텐션을 유지하며
   식힌다. 포물선을 그리면서 모발을 펴준 후 자연스럽게 연결한다.

 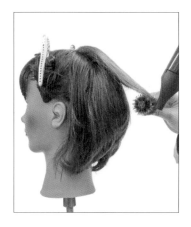

(5) 사이드는 전대각 파팅으로 모발에 텐션을 주며 각도를 낮추어서 매끄럽게 펴준다. 모발 끝에서 롤 브러시를 돌려 자연스럽게 포워드로 빼준다.

(6) 사이드는 수평 파팅으로 모발에 텐션을 주며 매끄럽게 펴준 후 뒷머리와 연결한다.

(7) 프린지의 일자 뱅을 연출하기 위해 두상에 90°로 롤 브러시를 대고 텐션을 주며 모선을 자연스럽게 펴준다.

4) 응용 헤어 스타일

5

컨백스 라인의 그래쥬에이션형

학습 내용	컨백스 라인의 그래쥬에이션형
수업 목표	• 그래쥬에이션의 기본 구조를 분석하고 특징을 설명할 수 있다. • 직각 분배와 변이 분배의 차이점을 설명할 수 있다. • 커트 시술 시 레이저 테크닉의 에칭 기법을 할 수 있다. • 레이저를 사용하여 베벨언더 기법으로 질감 처리를 할 수 있다.

1] 헤어커트 준비하기

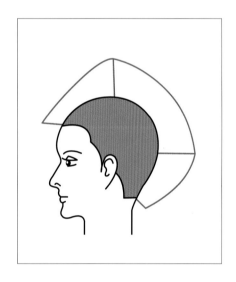

2) 헤어커트 시술하기

(1) C.P에서 N.P까지 정중선, T.P에서 E.P까지 측중선으로 섹셔닝 한다.

(2) 두상을 똑바로 한 다음, 후대각 파팅하여 낮은 시술각으로 레이저 에칭 기법으로 시술한다.

(3) 계속해서 후대각 파팅으로 직각 분배한 후, 손가락은 파팅과 평행하여 낮은 시술각으로 레이저 커트한다. 두상의 곡면을 따라 완만한 컨백스 라인이 형성된 것을 확인한다.

(4) 크레스트에서는 손가락은 파팅과 평행한 다음, 중간 시술각, 이동 가이드로 직각 분배하여 시술한다.

(5) 크레스트의 길이를 고정 가이드로 하여 좌·우 길이를 확인하며 시술한다

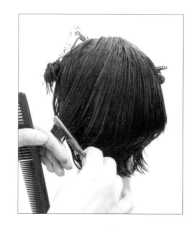 

(6) 사이드는 후대각 파팅하여 B.P의 길이에 맞춰 변이 분배하여 낮은 시술각으로 자연스럽게
연결한다. 다음 파팅부터 중간 시술각으로 레이저 커트한다.

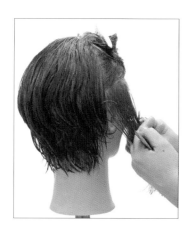 

(7) 왼쪽도 오른쪽과 동일하게 후대각 파팅하여 변이 분배로 시술한다. 다음 파팅부터는 중간 시술각으로 시술한다.

(8) 프린지는 둥근형을 연출하기위해 눈썹 라인에 가이드를 설정한다. 삼각 섹션을 수평 파팅하여 낮은 시술각으로 중앙에 모아 블런트 커트한다. 완만한 컨케이브 라인이 형성된 것을 확인한다.

(9) 베벨언더 레이저 기법으로 가볍게 질감 처리한다.

3] 스타일링 시술하기

(1) T.P에서 E.B.P로 3등분으로 나누어 시술한다. 네이프 부분은 1.5~2cm 정도로 섹션을 뜬다. 드라이어 노즐의 위치는 패널과 각도가 45°를 유지한다.

 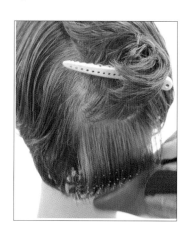

(2) 후두부는 90°로 모발을 롤 브러시에 반 바퀴 감은 후 텐션을 주며 롤 브러시를 돌려 자연스럽게 빼준다.

(3) C컬이 형성되는 지점부터는 C자 형태로 포물선을 그리면서 롤을 빼준다.

(4) 톱 부분은 롤 브러시를 120~130°로 두피에 밀착시킨 후, 롤 브러시를 반 바퀴 돌려 뜸을 준다. 롤 브러시를 롤링하면서 모발 끝으로 회전하면서 각도를 낮추어 가볍게 펴준다.

(5) 후두부 사이드는 후대각 파팅으로 90°로 롤 브러시를 대고 텐션을 주어 매끄럽게 펴주며 모발 끝에서 회전하여 가볍게 펴준다. 모발 끝에서는 각도를 낮추어 시술한다.

(6) 드라이어와 패널이 90°를 평행하게 유지하면서 이동하다가 모발 끝 부위에서는 각도를 낮춰 자연스럽게 드라이 후 롤 브러시를 롤링한다.

(7) 사이드는 수평 파팅으로 모발에 텐션을 주며 각도를 낮추어서 매끄럽게 펴준다. 모발 끝에서 롤 브러시를 돌려 자연스럽게 포워드 방향으로 빼준다.

(8) 반대쪽은 수평 파팅으로 모발에 텐션을 주며 매끄럽게 펴준 후 사이드와 백을 자연스럽게
연결하며 과한 볼륨은 자연스럽게 눌러 준다.

(9) 앞머리를 라운드 뱅을 연출하기 위해 90°로 롤 브러시를 대고 텐션을 주며 모선을 자연스
러운 C컬로 연출한다.

4) 응용 헤어 스타일

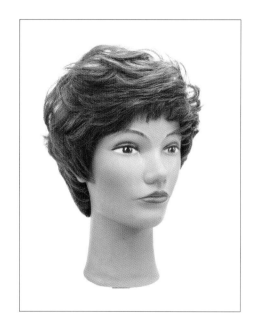

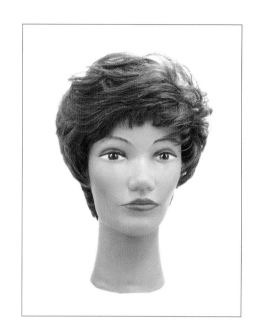

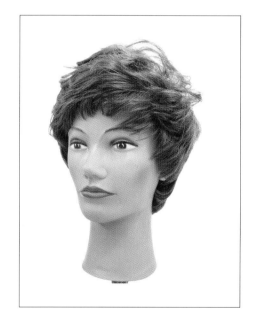

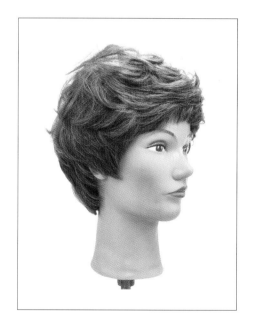

6

그래쥬에이션형 시술각 진행

학습 내용	그래쥬에이션형 시술각 진행
수업 목표	• 그래쥬에이션의 기본 구조를 이해하고 특징을 설명할 수 있다. • 그래쥬에이션 시술각의 변화에 대입하여 시술할 수 있다. • 수직 파팅과 피봇 파팅의 차이점을 설명할 수 있다. • 온 더 베이스와 사이드 베이스를 이해하여 시술할 수 있다.

1] 헤어커트 준비하기

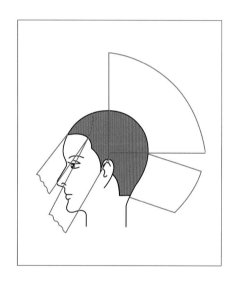

2] 헤어커트 시술하기

(1) C.P에서 N.P, T.P에서 E.B.P까지 섹션을 나눈다.

(2) 네이프에서 가이드를 설정하여 나칭 기법으로 커트한다. 좌우 길이가 동일한지 확인한다.

(3) 수평 파팅, 자연 분배, 낮은 시술각(20°)으로 파팅과 평행하여 커트한다.

(4) 수평 파팅, 중간 시술각(45°)으로 수직 파팅하여 온 더 베이스로 커트한다. E.B.P에서는 길이 유지를 위해 사이드 베이스로 시술하여 앞쪽으로 길이가 길어지도록 커트한다.

(5) 수직 파팅, 높은 시술각(70°)으로 스퀘어 커트한다. 컨케이브 라인이 형성된 것을 확인한다.

(6) 인테리어는 피봇 파팅하여 톱 부분에 가이드를 설정하여 90° 각도를 유지하며 커트한다,

(7) 사이드 부분은 백 부분의 섹션 위치에 맞추어 Out Line이 후대각 라인이 되게 커트한다. 사이드 두 번째 섹션은 수직 파팅으로 나눈 후 높은 시술각(70°), 온 더 베이스로 커트한다.

(8) 프린지는 양쪽 F.S.P를 삼각 섹션으로 한 후, 코끝에 모아 커트한다. 틴닝 가위를 사용하여 전체적으로 가볍게 질감 처리한다.

(9) 크라운 부위에 에펙트 테크닉으로 볼륨감을 준다.

(10) 완성

3] 스타일링 시술하기

(1) 네이프는 낮은 각도로 모근 부위부터 롤링한다. B.P는 모근에서 롤을 반 회전시킨 다음 드라이 열풍으로 열을 가한다. 잠시 멈춰 식힌 모발을 각도를 낮추면서 롤링하며 드라이한다.

(2) 크라운 부위는 100° 이상 각도를 들어 텐션을 유지하며 롤링한다. 모선 부분은 드라이 롤을 한 바퀴 말아 롤링하며 각도를 낮추어 가며 드라이 롤을 빼준다.

(3) 사이드 부위는 사선 섹션을 이용해 낮은 각도로 롤링하면서 롤을 빼주면서 스타일을 완성
한다.

(4) 사이드는 뜸을 들여 볼륨이 오래 유지되도록 하고 각도를 낮추면서 내려와 끝 부분을 한 바
퀴 말아 열을 가해준 후 자연스럽게 방향을 유도하며 롤을 뺀다.

(5) 톱 부위는 120° 이상 모발을 들어 올려 모근 부위에 볼륨을 준 후 각도를 낮추어 가며 끝까
지 롤링하면서 자연스럽게 열결한다.

(6) 앞머리는 모발의 결 정돈과 윤기를 주기 위해 중간 시술각으로 들어 끝까지 롤링하고 왼쪽
    방향으로 유도하며 빗을 빼준다.

(7) 완성

4) 응용 헤어 스타일

※ 응용 헤어 스타일 1

※ 응용 헤어 스타일 2

※ 응용 헤어 스타일 3

7

그래쥬에이션형(디스커넥션)

학습 내용	그래쥬에이션형(디스커넥션)
수업 목표	• 디스커넥션 커트에 대해 설명할 수 있다. • 그래쥬에이션의 특징을 설명할 수 있다. • 슬라이드 테크닉을 대입하여 질감 처리를 할 수 있다. • 온 더 베이스와 사이드 베이스를 이해하여 시술할 수 있다.

1) 헤어커트 준비하기

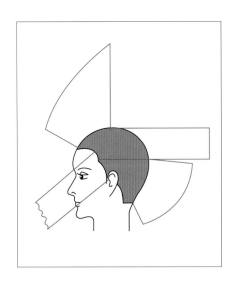

2)헤어커트 시술하기

(1) F.S.P~B.P까지 라운드 섹션으로 나눈 후 가이드를 설정하여 나칭 기법으로 커트한다.

(2) 페이스 라인을 기준으로 후대각 파팅하여 형태 선을 만든다. 가이드라인은 F.S.P와 S.C.P 에 기준선을 설정, 변이 분배하여 코끝을 향해 당겨서 커트한다. 반대쪽도 동일하게 시술한 다. 좌·우 대칭을 확인한다.

(3) 아웃사이드는 백 부분은 수직 파팅하여 온 더 베이스, 두상 90°로 시술한다.

(4) 두 번째 파팅은 사이드 베이스로 시술한다. 세 번째 파팅은 E.P와 햄라인의 길이 유지하고 어깨선의 무게감을 주기 위해 뒤쪽으로 당겨서 포인트 커트한다. 컨케이브의 릿지 라인을 확인할 수 있다.

(5) 인사이드는 T.P에서 0°, B.P에서 90°를 유지한다. 아웃사이드 길이보다 약 2cm 길게 커트한다. 인사이드와 아웃사이드의 길이가 연결되지 않는 것을 확인한다.

(6) 인사이드는 피봇 파팅하여 커트한다. E.P~C.P까지 동일하게 진행한다.

(7) 무게감을 줄이기 위해 슬라이드 커트한다.

 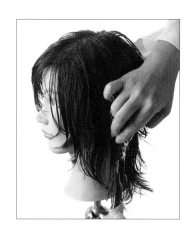

(8) 완성

3) 스타일링 시술하기

(1) 네이프는 수평 파팅하여 각도를 들지 않고 결 정돈을 하며 롤 브러시를 빼주고, 두 번째 패
   널은 모근부의 각도를 45° 유지하며 롤링하여 자연스럽게 연결한다.

(2) 세 번째 패널은 90°를 유지하며 롤링하고 사이드 부위에서는 모류의 흐름을 원활히 하기
   위해 앞쪽으로 끌어당기며 롤링하며 브러시 롤을 뺀다.

(3) 각도를 120° 들어 모근에 볼륨을 주어 롤의 방향을 앞쪽으로 유도하며 빼준다.

(4) 사이드는 모발의 텐션을 주며 각도를 낮춰 롤을 얼굴 쪽으로 회전하여 빼주고 두 번째 패널을 볼륨을 유지하며 롤의 방향을 포워드로 유도하면서 자연스럽게 연결한다.

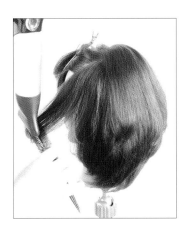

(5) 톱 쪽으로 갈수록 높은 각도를 유지하며 롤을 빼준다. 앞머리는 각도를 낮춰 롤 브러시를 자연스럽게 포워드로 빼준다. 드라이 마무리 후 슬라이드 테크닉으로 질감 처리를 한다.

(6) 완성

4) 응용 헤어 스타일

※ 응용 헤어 스타일 1

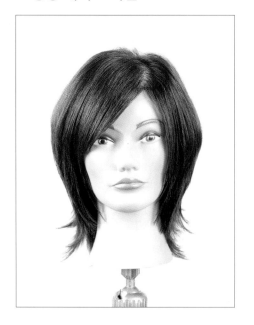

※ 응용 헤어 스타일 2

8

그래쥬에이션과 레이어 혼합형
(디스커넥션)

학습 내용	그래쥬에이션과 레이어 혼합형(디스커넥션)
수업 목표	• 그래쥬에이션의 특징에 대해 설명할 수 있다. • 레이어의 커트의 특징에 대해 설명할 수 있다. • 온 더 베이스와 사이드 베이스를 이해하여 시술할 수 있다.

1) 헤어커트 준비하기

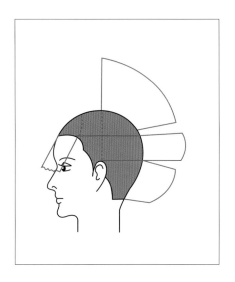

2) 헤어커트 시술하기

(1) C.P에서 N.P, T.P에서 E.B.P까지 섹션을 나눈 후, 전대각 라인으로 블런트 커트한다.

(2) 네이프 섹션은 수직 파팅으로 중간 시술각(60°)을 유지하여 포인트 커트한다. 온 더 베이스 컨트롤을 이용하여 시술한다.

(3) 수직 파팅하여 사이드 베이스, 이동 가이드, 중간 시술각을 이용하여 무게감을 주기 위해 2cm 길게 커트한다. 컨케이브 라인을 확인한다.

(4) 중간 섹션은 수직 파팅하여 높은 시술각으로 포인트 커트한다.

(5) 톱 섹션은 피봇 파팅 후 직각 분배, 이동 가이드로 두상 90° 들어 커트한다.

(6) 사이드는 전대각 파팅하여 첫 번째 패널은 낮은 시술각으로 커트한다. 두 번째 패널은 중
각 시술각, 세 번째 패널은 수직 파팅하여 볼륨을 위해 90°로 커트한다.

(7) 프린지는 둥근 섹션을 나누어 왼쪽이 직각이 되게 끌어당겨 눈 앞머리 정도로 자른다. 톱 부위의 모발을 앞으로 빗질하여 수직 파팅 한 후 포인트 커트한다.

(8) 자연스러운 연결을 위해 크로스 체크한다. 자연스러운 양감과 질감을 위해 틴닝한다. 인테리어에서는 강한 볼륨을 얻기 위해 초핑 한다.

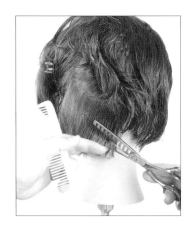

(9) 완성

3] 스타일링 시술하기

(1) 드라이 열풍를 이용하여 톱 부위와 앞머리 부위는 모발의 모근 방향을 조정하면서 핸드 드라이한다.

(2) 네이프는 전대각 파팅으로 나누어 롤 브러시를 롤링하여 모발의 결을 정돈한다. 후두부는 모근의 각도를 90° 들어 각도를 유지하며 모발을 롤 브러시에 한 바퀴 돌려 뜸을 준다. 모발의 윤기를 부여하기 위해 모발 끝까지 롤링하며 롤 브러시를 빼준다.

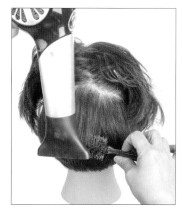 

(3) 각도를 120° 이상 들어 올려 볼륨을 준 후 롤 브러시의 각도를 낮춰 롤링하며 브러시를 빼준다. 사이드의 첫 번째 패널은 각도를 들지 않고 코끝을 향해 끌어당기면서 롤링하며 롤 브러시를 빼준다.

(4) 롤 브러시와 드라이 바람을 이용하여 모발이 앞으로 쏠리는 것을 방지하고 적당한 볼륨 형성하기 위해 모발의 반대 방향으로 모류 방향을 잡아 준다.

(5) 각도를 90° 들어 드라이한 후 드라이 열풍을 이용하여 모류의 방향을 잡아 준다. 사이드 부분 완성 상태를 확인한다.

 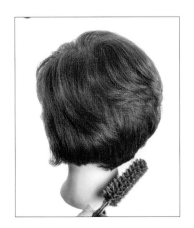

(6) 앞머리는 왼쪽으로 롤 브러시의 방향을 이끌며 롤링한다.

(7) 톱 부분은 사선 파팅하여 각도를 들어 롤 브러시의 방향을 왼쪽으로 유도하며 자연스럽게
연결한다.

(8) 완성

4) 응용 헤어 스타일

※ 응용 헤어 스타일 1

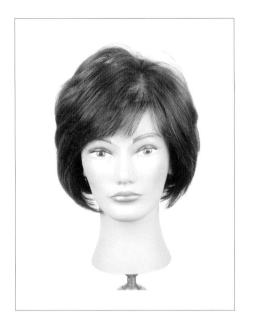

※ 응용 헤어 스타일 2

9

그래쥬에이션과 레이어 혼합형
(응용)

학습 내용	그래쥬에이션과 레이어 혼합형(응용)
수업 목표	• 그래쥬에이션의 기본 구조에 대해 설명할 수 있다. • 레이어의 기본 구조에 대해 설명할 수 있다. • 온 더 베이스와 오프 더 베이스의 차이점을 설명할 수 있다. • 자연 분배와 변이 분배의 차이점을 설명할 수 있다.

1) 헤어커트 준비하기

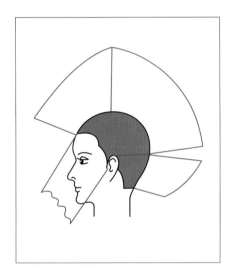

2] 헤어커트 시술하기

(1) C.P에서 N.P, T.P에서 E.B.P까지 섹션을 나눈다.

(2) 네이프에서 가이드를 설정하여 수평 파팅, 자연 시술각, 나칭 기법으로 원랭스 커트한다. 커트 후 좌·우 길이를 확인한다. 두 번째 섹션도 동일하게 원랭스 커트한다.

(3) 백 부분은 수평 파팅하여 네이프의 길이를 가이드로 하여 낮은 시술각으로 나칭 커트한다.

　E.P에서 길이 유지를 위해 변이 분배로 시술한다.

(4) 수직 파팅, 중간 시술각, 온 더 베이스로 시술하다가 E.P에서는 햄 라인의 길이를 유지하

　기 위해 뒤로 당기면서 오프 더 베이스로 이동하며 커트한다.

(5) 오른쪽도 동일하게 시술한다. 좌·우의 길이를 확인한다.

(6) 수직 파팅, 중간 시술각, 온 더 베이스로 시술하다가 오프 더 베이스로 이동하며 시술한다. 컨케이브 릿지 라인을 완성한다. 인테리어에서는 피봇 파팅하여 각도를 유지하면 연결한다.

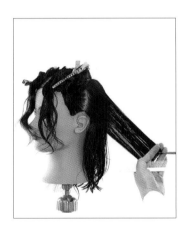 

(7) 사이드는 수평 파팅하여 가이드를 옆머리와 자연스럽게 연결하여 시술한다.

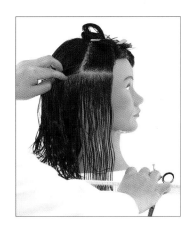 

(8) 수직 파팅으로 나눈 후 중간 시술각, 온 더 베이스로 커트한다.

(9) 프린지는 양쪽 C.P를 중심으로 나누어 C.P에서 S.C.P로 자연스럽게 연결한다.

3] 스타일링 시술하기

(1) 네이프는 수평 파팅, 각도를 낮춰 모근 부위부터 롤 브러시를 롤링하며 내려와 모발 끝선에서 C컬이 되도록 한 바퀴 말아 준다.

(2) 후두부는 각도를 들어 모근 부위에 볼륨감을 준다. 드라이 노즐과 패널과 각도를 유지한다. 크레스트 윗부분은 각도를 100° 이상 들어 텐션을 유지하며 롤링한다. 모선 부분은 롤 브러시을 한 바퀴 말아 롤링하며 각도를 낮추어 가며 드라이 롤을 빼준다.

(3) 사이드는 낮은 각도로 롤 브러시를 롤링하며 한 바퀴 감는다. 빗을 세워 모발 끝까지 열을 가해준 후 왼손으로 모 다발을 받아 열을 식힌 다음 원하는 위치에 놓는다.

(4) F.S.P는 각도를 높이 들어 모근에 적당한 볼륨감을 만든다. 모근 부위에 뜸을 들여 볼륨이 오래 유지되도록 한다. 모발에 윤기가 나도록 롤 브러시를 롤링하여 각도를 낮추면서 내려와 모발 끝 부분을 한 바퀴 말아 열을 가해준 후 자연스럽게 방향을 유도하며 롤 브러시를 뺀다.

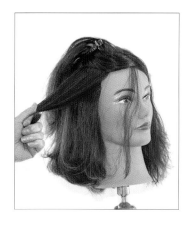

173

(5) 톱 부분은 120° 이상 들어 올려 모근 부위에 볼륨을 준 후 각도를 낮추면서 모발 끝까지 롤
  링하여 연결한다.

(6) 반대쪽도 같은 방법으로 시술한다.

(7) 티닝 가위를 이용하여 전체적으로 가볍게 질감 처리한다. 톱 부분은 에펙트 테크닉으로 볼
륨감을 준다

(8) 완성

4] 응용 헤어 스타일

※ 응용 헤어 스타일 1

※ 응용 헤어 스타일 2

10

컨케이브 라인의 그래쥬에이션형

학습 내용	컨케이브 라인의 그래쥬에이션형
수업 목표	• 그래쥬에이션의 기본 구조를 이해할 수 있다. • 그래쥬에이션의 낮은 시술각을 사용하여 나칭 커트할 수 있다. • 시스루 뱅의 앞머리 형태를 자를 수 있다.

1) 헤어커트 준비하기

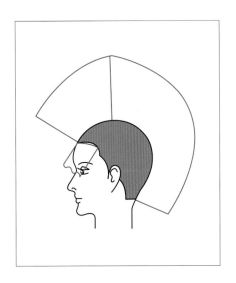

2]헤어커트 시술하기

(1) C.P에서 N.P, T.P에서 E.B.P까지 섹션을 나눈다.

(2) 네이프에서 완만한 전대각 파팅을 나눈 후 가이드를 설정하여 커트한다.

(3) 전대각 파팅, 이동 가이드, 낮은 시술각(20°)으로 나칭 기법으로 그래쥬에이션 커트한다. 이
　　때 손가락은 파팅과 평행이 되도록 한다.

(4) 낮은 시술각을 유지하며 시술한다. 이때 빗의 각도와 슬라이스의 각도가 일치하도록 한다.

(5) 전대각 파팅, 이동 가이드, 낮은 시술각(20°)으로 시술한다.

(6) 인테리어 부위에서도 낮은 시술각(20°)을 유지하며 동일하게 시술한다. 후두부가 완성된
상태

(7) 사이드는 전대각 파팅으로 나누고 크라운에서 1cm 가져와서 가이드를 설정하여 커트한다. 전대각 파팅, 낮은 시술각(20°), 손가락과 가위 포지션은 파팅과 수평이 되게 하여 시술한다.

(8) 반대쪽도 동일하게 시술한다.

(9) 프린지는 양쪽 C.P를 중심으로 소량의 반달 모양으로 나눈 후 슬라이드 커트하여 시스루 뱅으로 연출한다.

(10) 완성

3] 스타일링 시술하기

(1) C.P에서 N.P와 E.P to E.P로 나눈 후, 네이프는 전대각 파팅하여 낮은 각도로 모근 부위부
터 롤 브러시를 롤링하며 내려와 모발 끝자락에서 C컬이 되도록 반 바퀴 말아 준다.

(2) 후두부는 각도를 90° 들어 모근 부위에 볼륨감을 준다. 롤 브러시를 두피에 밀착시킨 후 뜸
을 들인 다음, 각도를 낮추면서 펴준다.

(3) 패널을 100° 이상 각도를 들어 롤 브러시를 밀착시킨 다음 텐션을 유지하며 롤링한다. 모발 끝부분은 롤을 한 바퀴 말아 롤링하며 각도를 낮추어 가며 롤 브러시를 빼주면서 연결한다.

(4) 사이드는 사선으로 나눈 후 각도를 들지 않고 자연스럽게 롤링하면서 빼준다.

 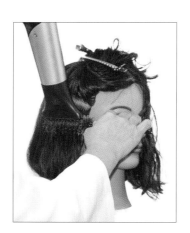

(5) F.S.P는 각도를 높이 들어 모근에 적당한 볼륨감을 만들고 뜸을 들여 볼륨이 오래 유지되도록 한다. 롤 브러시를 롤링하여 윤기를 주고 각도를 낮추면서 내려와 모발 끝부분을 한 바퀴 말아 열을 가해준 후 자연스럽게 방향을 유도하며 롤을 뺀다.

 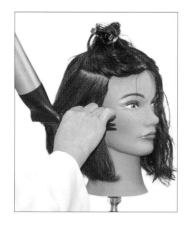

(6) 톱 부분은 각도를 100° 이상 들어 올려 모근 부위에 볼륨을 준 다음 , 각도를 낮추면서 모발 끝까지 롤링한다.

(7) 틴닝 가위를 사용하여 전체적으로 가볍게 질감 처리한다.

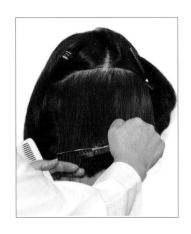

(8) 완성

4) 응용 헤어 스타일

11

컨케이브 라인 그래쥬에이션형
(응용)

학습 내용	컨케이브 라인 그래쥬에이션형(응용)
수업 목표	• 그래쥬에이션의 기본구조를 분석할 수 있다. • 그래쥬에이션의 중각 시술각과 높은 시술각을 대입하여 시술할 수 있다. • 온 더 베이스와 사이드 베이스를 이해하여 시술할 수 있다.

1) 헤어커트 준비하기

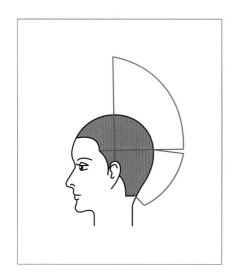

2] 응용 헤어커트 시술하기

(1) C.P를 기준으로 N.P까지 정중선으로 섹션을 나누고, T.P에서 E.B.P까지 수직으로 파팅한다.

 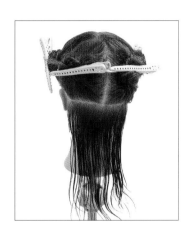

(2) 네이프에서 가이드의 길이를 설정한다. 후두부는 수직 파팅하여 센터라인 부분의 모발을 온 더 베이스, 중간 시술각으로 커트하다가 E.B.P에서는 사이드 베이스로 시술한다. 반대쪽도 동일한 방법으로 시술한다.

(3) 센터라인은 중간 시술각으로 수직 파팅하여 온 더 베이스로 커트한다.

E.B.P에서는 길이 유지를 위해 사이드 베이스로 시술하여 앞쪽으로 길이가 길어지도록

커트한다. 좌·우의 길이가 동일한지 체크한다.

(4) 크레스트 윗부분인 인테리어에서는 피봇 파팅하여 높은 시술각으로 시술한다. (빗의 움직임은 손목을 부채꼴 모양으로 회전시키면서 큰 움직임으로 빗질을 하여 모발을 정돈하는 것이 중요하다.)

(5) 사이드는 전대각 파팅하여 E.B.P의 길이에 고정시켜 낮은 시술각으로 자연스럽게 연결한다. 컨케이브 형태를 확인할 수 있다.

(6) 사이드 E.B.P의 모발을 가이드로 하여 전대각 파팅으로 빗질을 하여 사선으로 중간 시술각으로 그래쥬에이션 라인으로 커트한다.

(7) 수직 파팅하여 높은 시술각으로 E.B.P의 길이에 고정시켜 커트한다.

(8) 반대쪽도 사이드도 동일한 방법으로 시술한다. 전대각 파팅, 낮은 시술각으로 파팅과 손가락은 파팅과 비평행하게 시술한다.

(9) 수직 파팅, 높은 시술각으로 가이드를 E.B.P의 길이에 고정시켜 앞쪽으로 길이가 길어지도록 커트한다. 좌·우의 길이가 동일한지 확인한다.

(10) 틴닝 가위를 사용하여 가볍게 질감 처리한다.

3) 스타일링 시술하기

(1) 네이프는 1.5~2cm 정도로 섹션을 뜬 다음, 아이론을 적절한 온도로 세팅한다. 모발 끝 부분은 꼬리빗을 모발 밑에서 바깥쪽으로 넣어 모발의 텐션을 잡아 주고 아이론으로 2~3회 다려 준다. 빗질한 패널에 꼬리빗과 아이론을 섹션과 평행하게 잡고 C컬이 시작할 시점에서 C자 형태로 포물선을 그리면서 아이론을 회전시킨다.

(2) 후두부는 아이론으로 안 말음을 한다. 패널을 섹션과 평행하게 꼬리빗으로 잡는다. 아이론은 섹션과 꼬리빗에 평행이 되도록 한다. 꼬리빗으로 빗질해 가면서 아이론을 엄지, 검지로 힘 조절을 하면서 시술한다. 모발의 1/2 지점까지 45°로 시술하고 각도를 낮추면서 시술해 준다.

(3) 모발을 90°로 들어 모근 쪽을 펴준 다음 각도를 낮춰 시술한다. 모발 끝부분은 약간 C자 형태로 시술한다. 매끄럽지 않거나 잘 펴지지 않을 경우 한번 더 시술 한다.

(4) C자 형태의 포물선을 그리면서 모발의 모근 부위에서 120~135°로 모근부분에 볼륨을 준다. 모발의 1/2 지점에서는 크게 C자 형태로 볼륨을 주며 45°로 시술하다가 모발의 끝부분으로 갈수록 각도를 낮추어 시술한다.

(5) 사이드는 각도를 낮춰 힘 조절하면서 일정한 속도를 유지하면서 시술한다. C컬이 시작하는 지점에서 C자 형태로 포물선을 그리면서 아이론 몸체를 회전시키면서 시술한다.

(6) 모근 부분은 90°로 모발을 펴주고 중간 부분은 각도를 낮춰서 펴줘야 한다. C자 형태로 볼륨을 주며 아이론을 안말음해서 모발 끝부분은 천천히 모발을 펴준다. 빗은 가이드 역할을 하며 아이론을 따라다닌다.

(7) 반대편 사이드도 동일한 방법으로 시술한다. 모발의 1/2 지점에서 45°로 시술하다가 모발 끝부분에서는 0°로 시술하여 약간의 C자 형태로 시술한다.

(8) 세 번째 섹션은 120~135°로 뿌리 부분에 볼륨을 준 다음, 천천히 각도를 낮춰 시술하여 C 컬을 만든다. 모발 끝부분은 다른 부분보다 더 모발이 손상되어 있으므로 주의하여 천천히 시술하고 모발을 매끄럽게 펴준 후 안말음으로 C컬을 만든다.

(9) 완성

4) 응용 헤어 스타일

12

레이어와 그래쥬에이션 혼합형

학습 내용	레이어와 그래쥬에이션 혼합형
수업 목표	• 인크리스 레이어의 기본 구조를 분석할 수 있다. • 그래쥬에이션의 특징을 설명할 수 있다. • 유니폼 레이어의 특징을 설명할 수 있다. • 가파른 후대각 파팅 & 피봇 파팅을 나눌 수 있다.

1) 헤어커트 준비하기

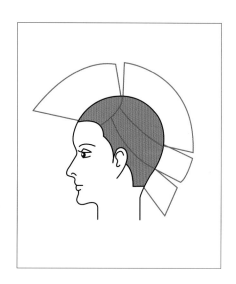

2) 응용 헤어커트 시술하기

(1) C.P에서 N.P, T.P에서 E.B.P까지 섹션을 나눈 다음, S.C.P에서 B.P까지 가파른 컨백스 라인으로 섹셔닝 한다.

(2) 후대각 파팅, 직각 분배, 시술각 90°, 고정 가이드라인을 유지하며 손가락 위치는 두상과 평행이 되게 나칭 기법으로 커트한다.

(3) 동일한 방법으로 시술한다. 햄 라인을 따라 인크리스 레이어를 만들어 준다. 후대각 파팅,
높은 시술각, 직각 분배, 손각락과 가위는 파팅과 평행이 되도록 하여 그래쥬에이션 커트를
시술한다.

(4) 손가락 위치는 파팅과 평행, 높은 시술각, 직각 분배로 시술한다. 컨백스 라인을 확인할 수 있다.

(5) 피봇 파팅, 직각 분배, 90° 시술각, 손 위치는 두상 곡면과 평행, 이동 디자인 라인으로 레이어 커트를 시술한다.

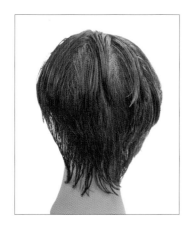
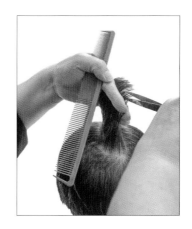

(6) 그래쥬에이션의 가장 긴 모발을 가이드라인으로 설정하여 피봇 파팅, 직각 분배, 두상 90°
시술각, 이동 디자인 라인으로 시술한다.

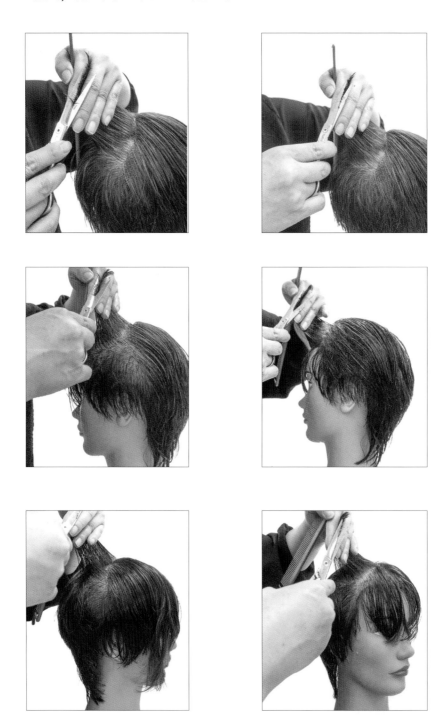

(7) 레이어형의 질감과 형태를 유지하기 위해 코너를 정리한다. 프린지는 양쪽 F.S.P와 톱 부분을 수평 파팅으로 나누어 자연스럽게 연결한다.

(8) 뿌리 볼륨을 위해 틴닝 가위로 질감 처리를 한다.

(9) 완성

응용 헤어커트 변형

(1) 헤어라인을 따라 섹션을 한 다음, E.P를 기준으로 가이드를 설정한다. 손가락은 파
팅과 비평행하여 커브 곡선을 그리며 옆머리와 연결한다. E.P 뒷머리도 동일한 방
법으로 연결한다.

(2) 완성

3) 스타일링 시술하기

(1) 모발을 건조시킨 후 4등분 하여 나눈다.

(2) 네이프는 2cm 정도 섹션을 뜬다. 수평 파팅하여 롤 브러시를 낮은 각도로 롤링하고 모발의
   결을 정돈하며 롤 브러시를 빼준다.

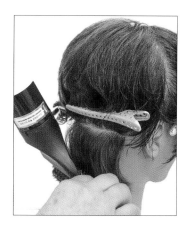

(3) 두 번째 패널은 모근에서 롤 브러시 각도를 45°로 롤링하고 각도를 낮춰 포워드 방향으로 자연스럽게 연결한다. 드라이 노즐의 위치는 패널과 동일한 각도를 유지한다.

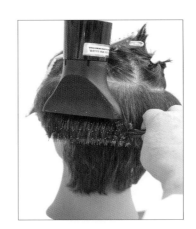

(4) 후두부의 볼륨을 연출하기 위해 모근에서 90°로 롤 브러시를 두피에서 밀착시킨 후 뜸을 준다. 롤 브러시를 롤링하며 각도를 낮춰 가볍게 펴준다.

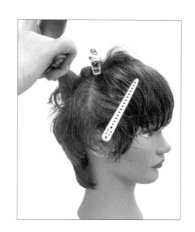

(5) 톱 부분은 모근에서 롤 브러시를 120°로 두피에 밀착시킨 후 반 바퀴 돌려 뜸을 준다. 롤 브러시를 롤링하고 각도를 낮춰 C자의 포물선을 그리면서 롤을 빼준다.

(6) 사이드는 모발 결 정돈을 한 후, 각도를 낮춰 롤링하고 포워도 방향으로 롤 브러시를 아웃
시키면서 시술한다.

(7) 수평 파팅으로 모발에 텐션을 주어 롤링하고 각도를 낮춰 매끄럽게 펴준다. 모발 끝에서 롤
브러시를 리버스 방향으로 회전하면서 빼준다.

(8) 반대쪽도 동일한 방법으로 시술한다. 모발에 텐션을 주어 각도를 낮춰 롤링하고 포워도
방향으로 롤 브러시을 아웃시키면서 시술한다.

(9) 수평 파팅으로 모발에 텐션을 주어 롤링하여 윤기를 주고 각도를 낮춰 매끄럽게 펴준다. 모발 끝에서 롤 브러시를 리버스 방향으로 유도하며 롤을 빼준다.

(10) 앞머리는 두상에서 90°로 롤 브러시를 대고 텐션을 주어 롤링하고 옆머리와 자연스럽게 연결한다.

4) 응용 헤어 스타일

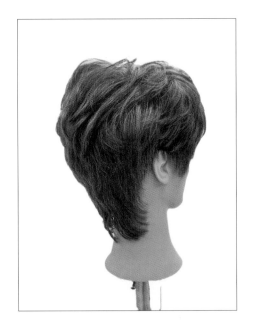

13

비대칭 그래쥬에이션형(응용)

학습 내용	비대칭 그래쥬에이션형(응용)
수업 목표	• 그래쥬에션의 기본 구조를 분석할 수 있다. • 후대각 파팅과 전대각 파팅의 차이점을 이해하고 특징을 설명할 수 있다. • 레이저를 사용하여 에칭 기법으로 커트 시술을 할 수 있다.

1] 헤어커트 준비하기

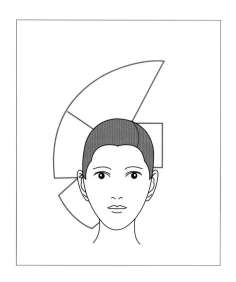

2] 응용 헤어 커트 시술하기

(1) C.P를 기준으로 N.P까지 정중선으로 섹션을 나누고 T.P에서 E.B.P까지 4등분으로 나눈다.

(2) 후두부에서는 두상을 숙인 상태에서 수직 파팅하여 두상 90°, 온 더 베이스, 이동 가이드라 인으로 레이어 커트한다.

(3) B.P부터 왼쪽은 후대각 파팅, 오른쪽은 전대각 파팅 중간 시술각, 직각 분배로 레이저 에칭
으로 커트한다. 컨백스 라인에서 컨케이브 라인이 형성되는 것을 주목하며 양쪽 사이들의
라인이 서로 다른 비대칭 디자인을 확인할 수 있다.

(4) 계속해서 손가락은 파팅과 평행하여 중간 시술각으로 직각 분배하여 자연스럽게 연결한
다.

(5) 왼쪽 사이드는 후대각 시술 방법으로 시술한다. 이때 빗의 각도와 슬라이스의 각도가 평행
이 되도록 한다.

(6) 오른쪽 사이드는 전대각 파팅으로 E.B.P에 모발을 고정시켜 중간 시술각으로 뒷머리와 자
연스럽게 연결한다. 손가락은 파팅과 비평행이 되게 한다.

 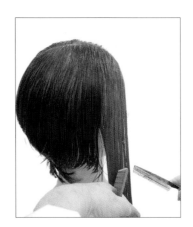

(7) 높은 시술각으로 이동 가이드라인, 직각 분배, 손가락 위치는 파팅과 평행을 유지하며 시
술한다.

(8) 프린지는 양쪽 F.S.P를 삼각 섹션으로 나누고 사선 파팅하여 코를 중심으로 낮은 각도로 시
술한다. 앞머리는 비대칭의 형태 선을 표현할 수 있도록 파팅과 비평행하여 커트한다.

3) 스타일링 시술하기

(1) 모발을 건조시킨 후 후두부는 C.P에서 N.P, E.P to E.P로 나눈다.

(2) 네이프는 수평 파팅하여 롤 브러시로 모발 결을 정돈한다. 롤 브러시로 모발을 롤링하여 포워드 방향으로 부채 모양을 그리면서 빼준다.

(3) 모근에서 롤 브러시 각도를 90°로 롤링하고 각도를 낮춰 시술한다. 왼쪽 컨백스 라인을 리
    버스 방향으로 롤 브러시를 회전시키면서 자연스럽게 연결하고, 오른쪽 컨케이브 라인은
    포워드 방향으로 자연스럽게 연결한다. 드라이 노즐의 위치는 패널과 동일한 각도를 유지
    한다.

(4) 톱 부분은 모근에서 롤 브러시를 120°로 두피에 밀착시킨 후 반 바퀴 돌려 뜸을 준다. 롤 브러시를 롤링하고 각도를 낮춰 C자의 포물선을 그리면서 롤을 빼준다.

(5) 왼쪽 사이드는 후대각 파팅하여 모발의 결을 정돈을 한 다음, 각도를 낮춰 롤링하고 리버스 방향으로 롤 브러시를 아웃시키면서 시술한다.

(6) 후대각 파팅으로 모발에 텐션을 주어 롤링하면서 각도를 낮춰 시술한다. 모발 끝에서는 롤 브러시를 리버스 방향으로 회전하면서 빼준다.

(7) 오른쪽 사이드는 전대각 파팅하여 모발의 결을 정돈한 다음, 롤 브러시로 모발을 반 바퀴 감은 후 텐션을 주며 각도를 낮춰 롤링하고 포워드 방향으로 롤 브러시를 아웃시키면서 시술한다.

(8) 전대각 파팅으로 모발에 텐션을 주어 롤링하여 윤기를 주고 각도를 낮추면서 모발을 매끄럽게 펴준다. 모발 끝에서 롤 브러시를 반 바퀴 감은 후 포워드 방향으로 유도하며 롤을 빼준다.

(9) 앞머리는 두상에서 90°로 롤 브러시를 대고 텐션을 주어 롤링하여 옆머리와 자연스럽게 연결시킨 다음, 톱 부분의 모발과 연결하기 위해 롤 브러시를 두피에서 120°로 반 바퀴 돌려 뜸을 준다. 롤 브러시를 롤링하고 각도를 낮춰 C자의 포물선을 그리면서 롤을 빼준다.

(10) 완성

4) 응용 헤어 스타일

저자 소개

■ 최은정

- 정화예술대학교 미용예술학부 부교수
- 건국대학교 향장생물학 이학박사
- 국가기술자격검정 미용장
- 국가기술자격검정 이용장
- 대한민국 대한명인(제15-449호): 헤어아트
- 한국직업능력개발원: NCS 학습모듈 집필위원(이용)
- ITEC 국제자격증: ITEC Hairdressing
- 국가평생교육 진흥원: 학점은행제 평가위원
- 한국산업인력공단: 미용장/이용장 심사위원
- 한국산업인력공단: 명장 심사위원
- 한국산업인력공단: 과정형평가위원
- 한국산업인력공단: 지방대회, 전국기능경기대회 심사위원
- 고용노동부: 전국기능경기대회 문제 출제위원
- 한국미용학회 이사

■ 문금옥

- 보그헤어 원장
- 제이제이뷰티아카데미 원장
- 나눔경영컨설팅 대표
- 소상공인시장진흥공단 경영컨설턴트
- 세종특별자치시 지방보조금 심의위원
- 전)서해대학 뷰티케어학과 겸임교수
- 전)정화예술대학 외래교수
- 대한민국 대한명인 제26호

NCS 기반
응용 디자인 헤어 커트

2021년	8월	25일	1판	1쇄	인 쇄
2021년	9월	8일	1판	1쇄	발 행

지 은 이 : 최은정 · 문금옥

펴 낸 이 : 박정태

펴 낸 곳 : **광 문 각**

10881
경기도 파주시 파주출판문화도시 광인사길 161
광문각 B/D 4층
등   록 : 1991. 5. 31 제12-484호
전   화(代) : 031) 955-8787
팩   스 : 031) 955-3730
E - mail : kwangmk7@hanmail.net
홈페이지 : www.kwangmoonkag.co.kr

ISBN : 978-89-7093-530-0   93590

값 : 25,000원

한국과학기술출판협회회원
KSPA

불법복사는 지적재산을 훔치는 범죄행위입니다.
저작권법 제97조 제5(권리의 침해죄)에 따라 위반자는 5년 이하의
징역 또는 5천만원 이하의 벌금에 처하거나 이를 병과할 수 있습니다.